Biologia do desenvolvimento

FUNDAÇÃO EDITORA DA UNESP

Presidente do Conselho Curador
Mário Sérgio Vasconcelos

Diretor-Presidente
Jézio Hernani Bomfim Gutierre

Superintendente Administrativo e Financeiro
William de Souza Agostinho

Conselho Editorial Acadêmico
Danilo Rothberg
Luis Fernando Ayerbe
Marcelo Takeshi Yamashita
Maria Cristina Pereira Lima
Milton Terumitsu Sogabe
Newton La Scala Júnior
Pedro Angelo Pagni
Renata Junqueira de Souza
Sandra Aparecida Ferreira
Valéria dos Santos Guimarães

Editores-Adjuntos
Anderson Nobara
Leandro Rodrigues

Lewis Wolpert

Biologia do desenvolvimento
Uma brevíssima introdução

Tradução
Fernando Santos

editora
unesp

© 2011 Lewis Wolpert
© 2020 Editora Unesp

Developmental Biology – A Very Short Introduction is originally published in English in 2001. This translation is published by arrangement with Oxford University Press. Editora Unesp is solely responsible for this translation from the original work and Oxford University Press shall have not liability for any errors, omissions or inaccuracies or ambiguities in such translation or for any losses caused by reliance thereon.

Developmental Biology – A Very Short Introduction foi originalmente publicada em inglês em 2011. Esta tradução é publicada por acordo com a Oxford University Press. A Editora Unesp é o único responsável por esta tradução da obra original e a Oxford University Press não terá nenhuma responsabilidade por quaisquer erros, omissões, imprecisões ou ambiguidades em tal tradução ou por quaisquer perdas causadas pela confiança nisso.

Direitos de publicação reservados à:
Fundação Editora da Unesp (FEU)
Praça da Sé, 108
01001-900 – São Paulo – SP
Tel.: (0xx11) 3242-7171
Fax: (0xx11) 3242-7172
www.editoraunesp.com.br
www.livrariaunesp.com.br
atendimento.editora@unesp.br

Dados Internacionais de Catalogação na Publicação (CIP) de acordo com ISBD
Elaborado por Vagner Rodolfo da Silva – CRB-8/9410

W666b

    Wolpert, Lewis
        Biologia do desenvolvimento: uma brevíssima introdução / Lewis Wolpert; traduzido por Fernando Santos. – São Paulo: Editora Unesp, 2020.

        Tradução de: *Developmental Biology: A Very Short Introduction*
        Inclui bibliografia.
        ISBN: 978-65-5711-010-2

        1. Biologia. 2. Biologia do desenvolvimento. I. Santos, Fernando. II. Título.

2020-2672   CDD: 570
                                                                                                       CDU: 57

Editora afiliada:

Asociación de Editoriales Universitarias de América Latina y el Caribe

Associação Brasileira de Editoras Universitárias

Sumário

7 . Lista de ilustrações
11 . Introdução
21 . Capítulo 1 – Células
31 . Capítulo 2 – Vertebrados
43 . Capítulo 3 – Invertebrados e plantas
61 . Capítulo 4 – Morfogênese
75 . Capítulo 5 – Células germinativas e sexo
91 . Capítulo 6 – Diferenciação celular e células-tronco
109 . Capítulo 7 – Órgãos
129 . Capítulo 8 – Sistema nervoso
141 . Capítulo 9 – Crescimento, câncer e envelhecimento
157 . Capítulo 10 – Regeneração
167 . Capítulo 11 – Evolução

183 . Glossário
187 . Leitura complementar
189 . Índice remissivo

Lista de ilustrações

Salvo menção em contrário, todas as ilustrações foram extraídas de *Principles of Development*, de L. Wolpert e C. Tickle (4. ed. Oxford: Oxford University Press, 2010).

1. Experimento de Driesch com embriões de ouriço--do-mar 14
2. Ciclo de vida da rã africana *Xenopus laevis*, cujos dedos têm forma de garra..................... 18
Extraído de Kessel, R. G e Shih, C. Y. *Scanning Electron Microscopy in Biology: A Student's Atlas of Biological Organization* (1974), cuja reprodução foi gentilmente autorizada por Springer Science + Business Media (Berlim).
3. Mapa de destino da blástula de rã mostrando as estruturas que serão formadas no embrião com broto caudal............................... 19
4. A transcrição de um gene é realizada pela RNA--polimerase............................... 23
Segundo Tjian, R., "Molecular Machines that Control Genes". *Scientific American* 272, 54-61 (1995). Imagem © Dana Burns-Pizer.

5. A clivagem do embrião de camundongo gera a massa celular interna localizada dentro da camada epidérmica – o trofectoderma. 34
6. Gastrulação no embrião de pinto 37
7. Somitos no embrião de pinto se formam à medida que o nódulo de Hensen se move para trás. 37
8. Somitos e tubo neural precoces dentro do embrião de pinto. 38
9. O gradiente da proteína materna Bicoid ativa o gene *hunchback* com uma concentração acima de um nível de limiar. 46
10. Especificação da segunda listra *even-skipped* como uma listra estreita no parassegmento 3. 48
11. Linhagem celular de embrião imaturo do nematoide *Caenorhabditis elegans*. A hipoderme faz parte da camada externa. 51
12. Mapa de destino do embrião da *Arabidopsis thaliana* que produzirá uma muda (no quadro). .... 57 Segundo Scheres, B et al., "Embryonic origin of the Arabidopsis Primary root and root meristem initials". *Development* 120, 2475-2487 (1994). Adaptação autorizada.
13. A contração localizada da célula de uma folha pode provocar uma mudança na forma da folha, fazendo-a dobrar-se. 64
14. Separação das células epidérmicas das células da placa neural. 67

15. A divisão e a compactação celulares podem determinar o volume da blástula. 68
16. Gastrulação do ouriço-do-mar. 68
17. A extensão convergente ocorre por meio do movimento das células bipolares, fazendo que a folha se estreite e aumente. 71
18. Formação do tubo neural. 73
19. Desenvolvimento dos genitais em humanos. 86
20. Diferenciação entre as células da pele e as células-tronco na camada basal. 100
21. Células-tronco embrionárias (CTEs) injetadas no interior da massa celular de um blastocisto podem dar origem a todos os tipos de célula. 106
22. Existem duas zonas sinalizadas no broto da asa do pinto: a zona polarizadora e a crista apical. A zona de progresso fica acima da crista apical. O membro desenvolve-se no sentido próximo-distal. 112
23. A região polarizadora pode estabelecer um gradiente que especifica posição.. 115
24. Mapa de destino do disco imaginal da perna da mosca-da-fruta, *Drosophila melanogaster*. 119
25. Desenvolvimento da flor. 126
26. Existem muitas formas e tamanhos de neurônios. . 133
27. Os neurônios se conectam a seus alvos de maneira precisa. 134
28. Conexões neurais entre a retina e o *tectum* da rã. . 140
29. O tamanho dos membros da salamandra é geneticamente programado. 145

Extraído de Harrison, R. G. *Organization and Development of the Embryo* (1969). © 1969 Yale University Press.

30. O membro foi amputado na altura da mão (linha pontilhada) e tratado com ácido retinoico durante a regeneração, o que fez que a superfície cortada passasse a ter um valor posicional mais proximal; desse modo, as estruturas correspondentes a um corte na extremidade proximal do úmero se regeneram. 162
31. Um fragmento retirado da região da cabeça de uma hidra e enxertado no corpo de outro animal pode provocar o surgimento de uma nova cabeça. 165
32. Embriões vertebrados no mesmo estágio (*tailbud*) têm características semelhantes. 169
33. Transformação dos arcos branquiais em mandíbulas durante a evolução. 171

Introdução

O fato de nos desenvolvermos a partir de uma única célula, o óvulo fertilizado, com apenas um décimo de milímetro de diâmetro – menor que um ponto-final –, é algo maravilhoso. Esse óvulo contém todos os dados necessários para se tornar um ser humano, e embora muitos mecanismos dessa transformação sejam conhecidos, ainda restam muitas incertezas. O embrião, nome que damos hoje à estrutura oriunda da divisão do óvulo, ocultou suas façanhas durante muito tempo. A abordagem científica que explica o desenvolvimento do embrião começou com Hipócrates, na Grécia, no século V a.C. Utilizando as ideias vigentes na época, ele tentou explicar o desenvolvimento em termos de calor, umidade e solidificação. Cerca de um século depois, o filósofo grego Aristóteles formulou um problema que dominaria a maior parte das reflexões sobre o desenvolvimento até o final do século XIX. Ele considerou duas possibilidades: uma era que tudo que havia no embrião estava pré-formado desde o começo e simplesmente aumentava durante o desenvolvimento; a outra, que ele defendia, era que as novas estruturas surgiam gradualmente, um processo que ele chamou de epigênese e comparava metaforicamente ao ato de "tecer uma rede". Suas ideias predominaram até meados do século XVII, quando a visão contrária – a saber, que o embrião estava pré-formado desde o começo – passou a ser defendida. Muitos não conseguiam acreditar que forças físicas ou químicas fossem capazes de moldar um ser vivo como nós, humanos, a partir do embrião. Ao lado da crença na criação divina do mundo e de todas as criaturas vivas, havia a crença de que todos os embriões existiam desde o começo do mundo. O problema, porém, só foi resolvido quando um dos grandes avanços da biologia ocorreu no final do século XIX – o reconhecimento de que os seres vivos, inclusive os embriões, eram feitos de células, e que o embrião se desenvolvia a partir de uma única célula, o óvulo. Todas as células do ser humano adulto vêm daquele óvulo fertilizado que se divide inúmeras vezes. Outro avanço importante foi a sugestão feita pelo biólogo alemão August Weismann de que o filho não herda suas características do corpo do genitor, mas somente das células germinativas – óvulos e espermatozoides. Depois veio a descoberta do DNA e dos genes e de como eles codificam proteínas, que, por sua vez, determinam o comportamento das células.

Há mais de cem anos surgiu um grande problema, quando Hans Driesch fez um experimento no qual separou as duas células do embrião de ouriço-do-mar depois da primeira divisão, e cada uma delas se transformou numa larva normal, embora menor (Figura 1). Portanto, esse embrião prematuro tinha propriedades similares às de uma bandeira – seu padrão era o mesmo em diversos tamanhos. Essa foi a primeira demonstração clara do processo de desenvolvimento conhecido como regulação – a capacidade que o embrião tem de restaurar o desenvolvimento normal, mesmo se algumas de suas partes forem removidas ou reagrupadas bem no início do desenvolvimento – e mostrou que o destino das células não é determinado em um estágio inicial. Essa capacidade de se desenvolver normalmente mesmo que o embrião precoce seja menor também se aplica aos gêmeos humanos idênticos quando o embrião precoce se divide em dois.

Se os embriões conseguem regular seu desenvolvimento, isso significa que as células têm de interagir entre si; porém, a importância fundamental das interações celulares no desenvolvimento embrionário só foi comprovada com a descoberta do fenômeno da indução. Nela, um grupo de células controla o desenvolvimento de uma célula ou de um tecido vizinho. A importância da indução e de outras interações celulares no desenvolvimento foi confirmada de forma dramática em 1924 quando Hans Spemann e sua assistente Hilde Mangold realizaram um famoso experimento de transplante em embriões de anfíbio. Eles demonstraram que se poderia produzir um segundo embrião incompleto ao transplantar uma pequena área de um embrião precoce de salamandra em outro embrião no mesmo estágio. Essa região é conhecida atualmente como organizador de Spemann.

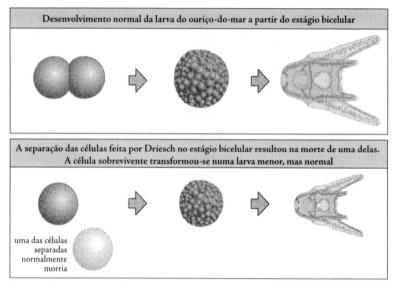

Figura 1. Experimento de Driesch com embriões de ouriço-do-mar, que demonstrou pela primeira vez o fenômeno da regulação. Depois da separação das células no estágio bicelular, uma das células geralmente morria, e a célula remanescente se transformava numa larva normal pequena mas completa.

O desenvolvimento de organismos multicelulares a partir de óvulos fertilizados é um grande triunfo da evolução. O óvulo humano fertilizado se divide, dando origem a milhões de células, que formam estruturas tão complexas e variadas como os olhos, os braços, o coração e o cérebro. Essa incrível façanha levanta uma série de questões. Como as células que surgem da divisão do óvulo fertilizado se tornam diferentes umas das outras? Como elas se organizam em estruturas como membros e cérebro? O que controla o comportamento das células individuais para que padrões extremamente organizados como esses se desenvolvam? Como os princípios organizadores de desenvolvimento estão incrustados no óvulo e, em especial, dentro dos genes? Grande parte da agitação atual em torno da biologia do desenvolvimento vem de nossa compreensão crescente de como as proteínas dirigem esses processos de desenvolvimento — milhares de genes se envolvem no controle do desenvolvimento ao determinar quais proteínas são produzidas no lugar certo e no momento certo.

Um dos objetivos é compreender o desenvolvimento humano para entender por que ele às vezes dá errado, por que um feto pode não vingar ou um bebê nascer com anomalias. Mutações genéticas podem levar ao desenvolvimento irregular, assim como fatores ambientais como drogas e infecções. Outra área da pesquisa médica relacionada à biologia do desenvolvimento é a medicina regenerativa — descobrir como utilizar células para reparar tecidos e órgãos avariados. Atualmente, o foco da medicina regenerativa são as células-tronco, que têm muitas propriedades das células embrionárias, como a capacidade de proliferar e de se transformar numa série de tecidos diferentes.

Um número relativamente pequeno de animais foi utilizado em pesquisas profundas do desenvolvimento embrionário por serem passíveis de manipulação experimental ou de análise genética. É por isso que a rã *Xenopus laevis*, o verme nematoide *Caenorhabditis elegans*, a mosca-da-fruta *Drosophila melanogaster*, o peixe-zebra, o pinto e o camundongo ocupam um lugar tão destacado na biologia do desenvolvimento. Do mesmo modo, pesquisas realizadas com a crucífera *Arabidopsis thaliana* revelaram inúmeras características do desenvolvimento das plantas. Compreender o processo de desenvolvimento de um organismo pode ajudar a explicar outros processos similares; por exemplo: a identificação dos genes que controlam a embriogênese precoce da mosca-da-fruta levou à descoberta de genes afins que eram usados de modo semelhante no desenvolvimento de vertebrados, inclusive dos humanos. Cada espécie tem vantagens e desvantagens como modelo de desenvolvimento. A mosca-da-fruta tem sido fantástica para a genética. Os embriões de rã e de pinto são resistentes à manipulação cirúrgica e de fácil acesso por parte do pesquisador em todos os estágios de seu desenvolvimento, ao contrário dos mamíferos. Embora sejam muito parecidos com os dos mamíferos no processo geral de desenvolvimento embrionário, os embriões de pinto são mais fáceis de manipular. Muitas observações podem ser feitas simplesmente abrindo uma janela na casca do ovo; além disso, a cultura do embrião pode ser feita fora do ovo. O desenvolvimento do camundongo não é observável e só pode ser acompanhado isolando embriões em diferentes estágios. No entanto, ele se tornou o organismo-modelo para o desenvolvimento de mamíferos, tendo sido o primeiro mamífero, depois do ser humano, a ter seu genoma completo sequenciado; além disso, ele é muito utilizado em pesquisas de genética. O peixe-zebra é a incorporação mais recente à lista seleta de sistemas-modelo de vertebrados; é fácil de criar em grandes quantidades, e, como os embriões são transparentes, é possível acompanhar visualmente as divisões celulares e os movimentos dos tecidos; além disso, ele tem um grande potencial com relação às investigações genéticas. O verme nematoide tem a grande vantagem de ter um número fixo de células (959), sendo possível acompanhar o desenvolvimento de cada uma delas.

Um exemplo que ilustra algumas das maiores proezas do desenvolvimento vertebrado é a rã (Figura 2). O óvulo não fertilizado é uma célula grande porque contém muita gema. A fertilização do óvulo pelo espermatozoide é seguida pela fusão dos núcleos masculino e feminino, dando início à clivagem. Clivagens são divisões em que as células não aumentam de tamanho entre cada divisão; portanto, depois de sucessivas clivagens, as células ficam menores. Após cerca de doze ciclos de divisão, o embrião, conhecido agora como blástula, consiste de um grande número de pequenas células ao redor de uma cavidade cheia de fluido, acima das células maiores da gema. Estas dão origem às camadas generativas que compõem o embrião – ectoderma, endoderma e mesoderma –, todas ainda na superfície do embrião. A região superior, o ectoderma, cria a epiderme da pele e o sistema nervoso; o endoderma dá origem ao intestino; e o mesoderma gera estruturas internas como o esqueleto. Durante o estágio seguinte – a gastrulação –, ocorre uma reorganização radical das células. O endoderma e o mesoderma se movem para dentro através de uma pequena região conhecida como blastóforo, e o projeto básico do corpo do girino é constituído. O ectoderma permanece do lado de fora.

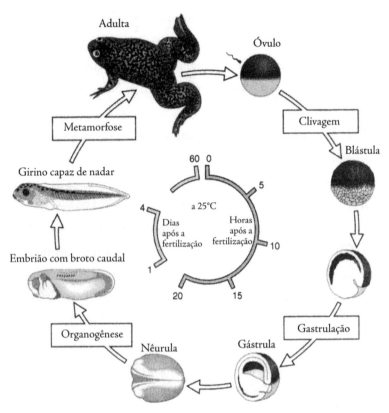

Figura 2. Ciclo de vida da rã africana *Xenopus laevis*, cujos dedos têm forma de garra.

Internamente, o mesoderma dá origem a uma estrutura semelhante a um bastão, a notocorda, que se estende da cabeça à cauda; mais tarde, o sistema nervoso vai se desenvolver acima da notocorda, que, então, desaparece. De ambos os lados da notocorda existem blocos segmentados de mesoderma chamados somitos, que darão origem aos músculos e à coluna vertebral. Logo após a gastrulação, o ectoderma acima da notocorda se dobra e forma o tubo neural, que dá origem ao cérebro e à medula espinal – um processo conhecido como neurulação. A essa altura, outros órgãos, como os membros e os olhos, são designados em suas futuras posições, mas só se desenvolvem um pouco mais tarde, durante a organogênese. Durante a organogênese, células especializadas como as dos músculos, das cartilagens e dos neurônios se diferenciam. Após 48 horas, o embrião se transforma em um girino capaz de se alimentar, com características típicas de um vertebrado.

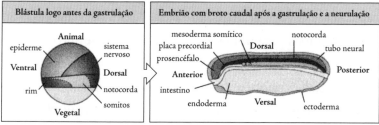

Figura 3. Mapa de destino da blástula de rã mostrando as estruturas que serão formadas no embrião com broto caudal. Após a gastrulação e a neurulação, o embrião se alonga e começa a assumir a forma de um girino.

No estágio de blástula, é possível traçar um mapa de destino do embrião (Figura 3). Ele mostra a que as diferentes regiões da blástula darão origem mais adiante, e é traçado por meio da classificação das células nesse estágio e do acompanhamento de seu desenvolvimento posterior. Como se pode ver, regiões internas como o endoderma estão do lado de fora do embrião e se movem para dentro durante a gastrulação. Nesse estágio, o destino de muitas células ainda não está estabelecido, e, se forem deslocadas para outra região, elas podem se desenvolver de acordo com seu novo local. No entanto, com o passar do tempo, seu destino é determinado. Se a região da gástrula que normalmente dará origem a um olho for transplantada para a região do tronco de um estágio ligeiramente posterior – a nêurula –, o enxerto cria estruturas típicas de seu novo local, como notocorda e somitos. Contudo, se a região do olho proveniente de uma nêurula for transplantada para a região do tronco, ela se desenvolve como uma estrutura parecida com um olho, pois nesse estágio seu destino já está determinado. Embriões vertebrados precoces têm uma grande capacidade de regulação quando partes deles são removidas ou transplantadas para uma região diferente do mesmo embrião. Isso sugere uma grande flexibilidade de desenvolvimento nessa etapa inicial, e, também, que o verdadeiro comprometimento do destino das células depende muito dos sinais que elas recebem das células vizinhas.

Capítulo I
Células

O desenvolvimento é o resultado do comportamento coordenado das células, o qual é determinado quase inteiramente pelas proteínas que a célula contém. As células do embrião são pequenas e rodeadas por uma membrana que determina que moléculas podem entrar ou sair. Dentro da célula existe um grande número de pequenas estruturas membranosas, como a mitocôndria, que produzem a energia da célula, e o núcleo celular, que contém os cromossomos. Os cromossomos, por sua vez, contêm o DNA, que criam os genes, que codificam proteínas. Nós, seres humanos, temos cerca de 25 mil genes.

Proteínas são sequências longas com vinte tipos de subunidades de aminoácidos, cuja sequência determina a forma e a função da proteína, como uma enzima ou uma proteína muscular, por exemplo. Cada filamento de DNA é também uma sequência com quatro tipos de subunidade: os nucleotídeos. O DNA age como uma região de codificação de proteínas: para cada proteína existe uma extensão de DNA – um gene – que codifica a sequência de aminoácidos de uma proteína. O sistema parece o código Morse, em que pontos e traços servem de código para cada uma das letras do alfabeto. A sequência de nucleotídeos do DNA, interpretados três de cada vez, corresponde à sequência de aminoácidos ao longo da proteína; cada conjunto de três nucleotídeos codifica um aminoácido. Quando um gene está ativo, sua sequência de DNA é transcrita primeiro numa molécula intermediária, o RNA mensageiro (mRNA), e este é utilizado como um modelo para sintetizar a proteína, empregando um código de três nucleotídeos para cada aminoácido da proteína.

O fato de um gene ser transcrito ou não em mRNA depende da ligação das proteínas especiais – os fatores de transcrição – com regiões de controle específicas do DNA (Figura 4). Embora não codifiquem proteínas, essas regiões de controle fornecem locais para os fatores de transcrição e para a máquina de proteína (RNA-polimerase) que transcreve o código do DNA para mRNA. Algumas regiões de controle estão próximas da região de codificação, enquanto outras podem estar distantes. Um gene só pode ser transcrito se as regiões de controle corretas estiverem ocupadas pelos fatores de transcrição certos. O gene permanece ativo (ligado) enquanto as regiões de controle estiverem ativadas. É impossível superestimar a importância dessas regiões de controle. Como o fator de transcrição da proteína produzido por um gene pode ativar (ou mesmo desativar) vários outros genes, é montada uma rede de interações genéticas que determina o comportamento da célula e como ela se modifica ao longo do tempo. Alguns genes não codificam proteínas; em vez disso, codificam micro-RNAs,

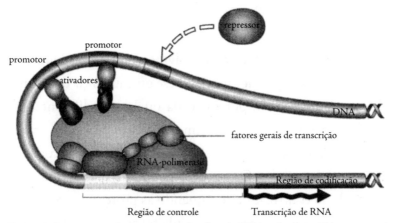

Figura 4. A transcrição de um gene é realizada pela RNA-polimerase. Esse processo é regulado por proteínas (fatores de transcrição) que se ligam às regiões de controle do gene, que podem estar próximas da região de codificação ou em lugares distantes, como os promotores [enhancers] mostrados aqui.

pequenas moléculas de RNA que interferem na tradução de RNAs específicos em proteína.

Uma mudança (mutação) na sequência do DNA pode ocorrer na região de codificação de um gene, alterando, assim, a sequência normal de aminoácidos da proteína que ele codifica. Isso pode modificar a natureza da proteína, por meio da alteração do modo como ela se dobra ou funciona, podendo resultar na produção de uma proteína defeituosa, o que pode ter sérias consequências positivas, ou negativas, quanto ao comportamento da célula. Mutações que alteram a função da proteína nos óvulos e nos espermatozoides constituem a base da evolução, já que a mutação será transmitida para a geração seguinte. Mutações nas regiões de controle do DNA também podem afetar o comportamento da célula, já que determinam quando e em qual célula um gene é ativado e pode ser traduzido numa proteína.

Os principais processos envolvidos no desenvolvimento são: formação de padrão; morfogênese ou mudança de forma; diferenciação celular, por meio da qual tipos diferentes de célula se desenvolvem; e crescimento. Esses processos envolvem atividades celulares que são determinadas pelas proteínas presentes nas células. Os genes comandam o comportamento da célula ao controlar onde e quando as proteínas são sintetizadas, e o comportamento da célula fornece a ligação entre a ação do gene e os processos de desenvolvimento. O que a célula faz é determinado, em grande medida, pelas proteínas que ela contém. A hemoglobina presente nos glóbulos vermelhos do sangue (os eritrócitos) permite que eles transportem oxigênio; as células que revestem o intestino dos vertebrados secretam enzimas digestivas especializadas. Essas atividades exigem proteínas especializadas, que não estão envolvidas nas atividades de "manutenção" que são comuns a todas as células e as mantêm vivas e ativas. Entre as atividades de manutenção estão a produção de energia e as vias metabólicas envolvidas na quebra e na síntese das moléculas indispensáveis para a vida da célula. No desenvolvimento, estamos preocupados sobretudo com as proteínas que tornam as células diferentes umas das outras e fazem que elas realizem as atividades necessárias para o desenvolvimento do embrião. Os genes do desenvolvimento normalmente codificam proteínas envolvidas na regulação do comportamento da célula.

Todas as informações relacionadas ao desenvolvimento do embrião estão contidas no óvulo fertilizado. Como, então, essa informação é interpretada para dar origem a um embrião? O DNA contém uma descrição completa do organismo a que ele vai dar origem? Ele serve de modelo para o organismo? A resposta é não. Em vez disso, o óvulo fertilizado contém um programa de instruções para criar o organismo – um programa gerativo – que determina onde e quando as diferentes proteínas serão sintetizadas, e que, portanto, controla o comportamento das células. Um programa descritivo, como um modelo ou um projeto, descreve um objeto com certo detalhamento, ao passo que um programa gerativo descreve como se cria um objeto. Com relação ao mesmo objeto, os programas são muito diferentes. Pensem no origami, a arte de dobrar papel. É possível criar um chapéu ou um pássaro de papel com uma única folha, dobrando-a em várias direções. Descrever com algum detalhe a forma final simplesmente marcando as áreas na folha de papel é, realmente, muito difícil, e não ajuda muito a explicar como se faz o origami. Instruções sobre como dobrar o papel são muito mais úteis e fáceis de explicar. A razão disso é que instruções simples sobre como dobrar o papel têm consequências espaciais complexas. No desenvolvimento, a ação dos genes também põe em movimento uma sequência de eventos que podem provocar transformações profundas no embrião. Portanto, podemos pensar na informação genética dos óvulos fertilizados como equivalente às instruções de dobradura do origami; ambas contêm um programa gerativo para criar uma estrutura específica.

As células são, de certo modo, mais complexas que o próprio embrião. Existem milhares de proteínas diferentes, e muitas reproduções delas, na maioria das células do embrião; além disso, a rede de interações entre as proteínas e o DNA dentro de cada célula individual contém um número muito maior de componentes e é muitíssimo mais complexa que as interações entre as células do embrião em desenvolvimento. As células são quase sempre muito mais inteligentes do que se imagina. Cada uma das atividades básicas da célula envolvidas no desenvolvimento – por exemplo, como reagir aos sinais externos, como se dividir em duas ou como se mover – é o resultado de interações no interior de uma população com inúmeras proteínas diferentes, cuja composição varia ao longo do tempo e entre as diferentes posições na célula.

Uma questão intrigante é saber quantos genes, do genoma total, são genes do desenvolvimento – isto é, genes necessários especificamente para o desenvolvimento do embrião. Isso não é fácil de calcular. No verme nematoide, são necessários pelo menos cinquenta genes específicos para detalhar uma pequena estrutura reprodutiva conhecida como vulva. Em comparação com os milhares de genes que estão ativos ao mesmo tempo, é um número muito pequeno; alguns deles são essenciais para o desenvolvimento, na medida em que são indispensáveis para a manutenção da vida, mas fornecem pouca ou nenhuma informação que influencie o processo de desenvolvimento. Alguns estudos sugerem que, em um organismo com 20 mil genes, cerca de 10% deles podem estar envolvidos diretamente no desenvolvimento.

Portanto, um objetivo importante da biologia do desenvolvimento é compreender como os genes controlam o desenvolvimento do embrião. Para fazer isso, é preciso primeiro identificar quais genes – entre os milhares do organismo – estão envolvidos de maneira decisiva e específica no controle do desenvolvimento. O ponto de partida usual é identificar e criar mutações de DNA que alterem o desenvolvimento de uma maneira específica e instrutiva. Muitas mutações no desenvolvimento foram produzidas induzindo mutações aleatórias num grande número de organismos-modelo por meio de tratamentos químicos ou irradiação por raios X, seguidos da triagem dos mutantes que interessassem ao desenvolvimento. Muitos genes do desenvolvimento foram identificados por meio de modernas técnicas de genética e bioinformática. A comparação direta da sequência de DNA com genes conhecidos de organismos-modelo foi muito útil para identificar os genes do desenvolvimento humano. Estudos sobre gêmeos também são úteis. Apesar de possuírem genes idênticos, os gêmeos idênticos podem desenvolver diferenças consideráveis devido aos impactos no útero e durante o crescimento, que tendem a se tornar mais evidentes com a idade.

O destino de um grupo de células no embrião precoce pode ser determinado por sinais vindos de outras células. Na verdade, poucos sinais penetram nas células. A maioria deles é transmitida através do espaço exterior das células (espaço extracelular) em forma de proteínas secretadas por uma célula e detectadas por outra. As células podem interagir diretamente entre si por meio de moléculas localizadas em sua superfície. Em ambos os casos, o sinal geralmente é recebido por proteínas receptoras da membrana celular e é retransmitido depois através de outras proteínas sinalizadoras no interior da célula para produzir a resposta celular, normalmente ligando ou desligando os genes. Esse processo é conhecido como transdução de sinal. Essas rotas podem ser extremamente complexas, sendo comparáveis a um cartum de Rube Goldberg em que um homem tem um mecanismo de transmissão para erguer o guarda-chuva quando chove: primeiro a chuva faz uma ameixa-preta se dilatar, o que liga um isqueiro, que acende um fogo, que ferve a água de uma chaleira, que apita e, portanto, assusta um macaco, que pula em cima de um balanço, que corta uma corda, que liberta os pássaros, que, ao voarem, erguem o guarda-chuva. A complexidade da rota de transdução do sinal significa que ela pode ser alterada à medida que a célula se desenvolve; portanto, o mesmo sinal pode ter um efeito diferente em células diferentes.

O modo como uma célula reage a um sinal específico depende de seu estado interno, e esse estado pode refletir a história do desenvolvimento da célula – as células têm boa memória. Assim, células diferentes podem reagir ao mesmo sinal de maneiras muito diferentes. Portanto, o mesmo sinal pode ser usado inúmeras vezes durante o desenvolvimento do embrião. Consequentemente, existem umas poucas proteínas sinalizadoras.

Técnicas oriundas da biologia molecular e da genética revolucionaram o estudo da biologia do desenvolvimento ao longo das últimas décadas. Também estão sendo utilizadas abordagens para identificar todos os genes envolvidos em um processo de desenvolvimento específico. A identificação de todos os genes expressos em um tecido específico ou em um estágio específico de desenvolvimento pode ser alcançada por meio da execução de triagens genômicas amplas para expressão genômica. Essas tecnologias permitem avaliar simultaneamente os valores de transcrição de mRNA de milhares de genes. Outros avanços técnicos são o grande aperfeiçoamento das técnicas de imagem microscópica assistida por computador e o desenvolvimento de etiquetas fluorescentes em uma ampla gama de cores, que permitem acompanhar a imagem de embriões vivos e de transplantes.

Capítulo 2
Vertebrados

Apesar das inúmeras diferenças externas, todos os vertebrados têm uma estrutura corporal básica – espinha dorsal, ou coluna vertebral, segmentada, com o cérebro na parte superior e encerrado dentro de um crânio ósseo ou cartilaginoso. Essas estruturas salientes caracterizam o eixo anteroposterior, com a cabeça na extremidade anterior. O corpo vertebrado também possui um eixo dorsoventral distinto, que vai das costas até a barriga, com a coluna espinhal correndo ao longo do lado dorsal e a boca definindo o lado ventral. Os eixos anteroposterior e dorsoventral definem, juntos, os lados esquerdo e direito do animal. Os vertebrados têm uma simetria bilateral geral em torno da linha média dorsal, de modo que, externamente, os lados direito e esquerdo são imagens espelhadas um do outro, embora alguns órgãos internos, como o coração e o fígado, estejam dispostos de maneira assimétrica. A questão principal é como esses eixos estão indicados no embrião.

Todos os embriões vertebrados passam por um conjunto de estágios de desenvolvimento semelhantes, e as diferenças estão relacionadas, em parte, ao modo e ao momento em que os eixos são estabelecidos e ao modo como o embrião é alimentado. A gema fornece todos os nutrientes para os peixes, os anfíbios, os répteis e para os poucos mamíferos que põem ovos, como o ornitorrinco. Por outro lado, os óvulos da maioria dos mamíferos são pequenos e sem gema, e o embrião é alimentado durante os primeiros dias pelos líquidos que existem dentro da mãe. O embrião de mamífero desenvolve membranas externas especializadas que o envolvem e protegem, e por meio das quais ele recebe alimento da mãe através da placenta.

Depois da fertilização, o óvulo passa por diversas divisões celulares conhecidas como clivagem, as quais, na rã, criam a blástula esférica; porém, no pinto ou nos mamíferos, a estrutura correspondente não é uma esfera oca, mas uma camada de células chamada epiblasto. Assim como a blástula, o epiblasto dá origem às três camadas do embrião (ectoderma, mesoderma e endoderma) durante a gastrulação.

Isso pode ser percebido no desenvolvimento do pinto à medida que o embrião de galinha precoce se desenvolve como um disco achatado de células, o epiblasto, que recobre uma enorme gema. Parecida com a gema, a grande célula-ovo do pinto é fertilizada e começa a passar pela divisão celular enquanto ainda se encontra no oviduto da galinha. Durante as vinte horas de descida pelo oviduto, o óvulo fica envolto pela clara e pela casca. No momento da postura, o embrião é composto de um número de células que varia entre 20 mil e 60 mil.

Os óvulos dos mamíferos são muito menores que os dos pintos e das rãs e não contêm gema. O óvulo não fertilizado se desprende do ovário, vai para o oviduto e é envolvido por uma camada externa protetora. A fertilização ocorre no oviduto e a clivagem começa. Não há nenhum sinal evidente de eixos no óvulo do camundongo, e o caráter extremamente regulador do desenvolvimento inicial do camundongo contradiz a importância dos determinantes maternos. A clivagem inicial dá origem a dois grupos diferentes de células – o trofectoderma e a massa celular interna (Figura 5). O trofectoderma vai originar estruturas extraembrionárias como a placenta, através da qual o embrião recebe o alimento da mãe, enquanto o embrião propriamente dito se desenvolve a partir da massa celular interna. As células da massa celular interna são totipotentes, ou pluripotentes – elas podem dar origem a todos os tipos de célula do embrião. As células da massa celular interna podem ser isoladas e cultivadas em cultura para produzir células-tronco embrionárias totipotentes, como examinaremos posteriormente.

Um evento bastante raro, mas ainda assim importante, anterior à gastrulação dos embriões mamíferos – incluindo os humanos –, é a divisão do embrião em dois, possibilitando o desenvolvimento de gêmeos idênticos. Isso mostra a capacidade extraordinária que o embrião precoce tem de regular e de se desenvolver normalmente com metade do tamanho habitual, exatamente como no experimento de Driesch. Isso também deixa claro que o embrião precoce não deve ser considerado um ser humano, pois ele ainda pode transformar-se em duas pessoas.

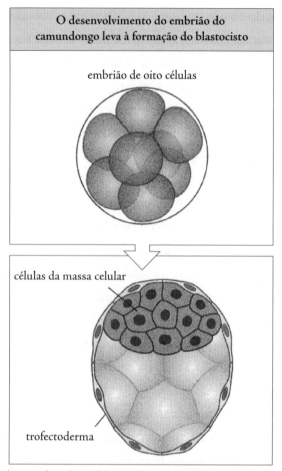

Figura 5. A clivagem do embrião de camundongo gera a massa celular interna localizada dentro da camada epidérmica – o trofectoderma.

Como são estabelecidos os eixos anteroposteriores e dorsoventrais nos embriões vertebrados? Eles já estão presentes no óvulo ou são especificados posteriormente? O estabelecimento dos eixos ocorre nos estágios iniciais de desenvolvimento tanto da rã como do peixe-zebra e está sob o controle exclusivo dos fatores maternos presentes no óvulo. O óvulo de rã possui um eixo visível antes mesmo de ser fertilizado. A região superior do óvulo é o polo animal pigmentado, enquanto a maior parte da gema se situa perto da extremidade oposta e não pigmentada, o polo vegetal. Essas diferenças definem o eixo animal-vegetal. A simetria esférica ao redor do eixo animal-vegetal é rompida quando o óvulo é fertilizado. A entrada do espermatozoide dá início a uma série de eventos que define o eixo dorsoventral da gástrula, com o lado dorsal estabelecendo-se numa posição mais ou menos oposta ao ponto de entrada do espermatozoide. O primeiro centro de sinalização que se desenvolve na região dorsoventral da blástula de rã é conhecido como organizador da blástula ou centro de Nieuwkoop, o qual estabelece a polaridade dorsoventral inicial na blástula. No pinto, o eixo anteroposterior é determinado pela gravidade, quando o embrião precoce gira durante sua passagem pelo útero da galinha, antes de ser expelido. Nos mamíferos, não há nenhum sinal de eixos ou de polaridade no óvulo fertilizado nem durante o desenvolvimento inicial, o que só ocorre posteriormente, por meio de um mecanismo até agora desconhecido.

 O primeiro sinal do eixo anteroposterior do embrião do pinto é uma crista de pequenas células em forma de meia-lua na extremidade posterior do epiblasto, onde genes específicos são ativados, o que define onde a linha primitiva vai surgir. A linha é perceptível primeiro como uma região mais densa que depois se estende gradualmente para a frente como um sulco estreito, até um pouco mais da metade do epiblasto. Durante a gastrulação, as células do epiblasto convergem para a linha primitiva e penetram na crista e, em seguida, se espalham para a frente e para as laterais por baixo da camada superior (Figura 6). As células que penetram na linha dão origem ao mesoderma e ao endoderma, enquanto as células que permanecem na superfície do epiblasto dão origem ao ectoderma. Na extremidade anterior da linha existe um grupo de células conhecido como nódulo de Hensen. Esse é o principal centro organizador do embrião precoce do pinto; equivalente ao organizador de Spemann nos anfíbios, ele pode induzir uma nova linha primitiva se for transplantado para outro embrião precoce. O epiblasto pode ser cortado em quatro regiões por meio de dois cortes diagonais, e cada um produzirá uma linha e dará origem a um embrião normal – uma regulação impressionante.

Depois de atingir sua extensão máxima, a linha primitiva começa a regredir, e o nódulo de Hensen recua na direção da extremidade posterior do embrião. À medida que o nódulo recua, a notocorda é inserida em sua esteira, e o mesoderma começa imediatamente a produzir os somitos em cada lado da notocorda (Figura 7). No pinto, o primeiro par de somitos é formado cerca de 24 horas depois da postura, e novos somitos são formados em intervalos de 90 minutos. Posteriormente, eles vão formar as vértebras, além de também estarem na origem dos músculos do corpo. Enquanto a notocorda se forma, o tubo neural que formará o cérebro e a medula espinal se desenvolve acima dele de modo semelhante ao da rã (Figura 8).

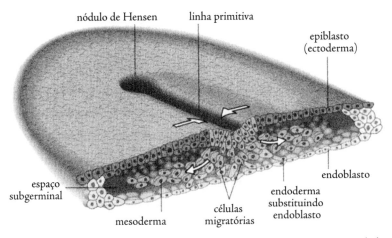

Figura 6. Gastrulação no embrião de pinto. As células do epiblasto convergem para a linha primitiva e se espalham por toda ela, dando origem ao endoderma e ao mesoderma. As células remanescentes do epiblasto dão origem ao ectoderma.

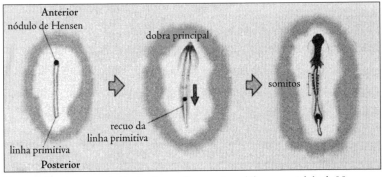

Figura 7. Somitos no embrião de pinto se formam à medida que o nódulo de Hensen se move para trás.

A gastrulação é seguida pela formação do tubo neural, que é o precursor embrionário precoce do sistema nervoso central. O primeiro sinal visível é a formação das dobras neurais, que ocorre nas extremidades da placa neural, uma área com células ectodérmicas que revestem a notocorda. As dobras sobem, dobram-se na direção da linha média e se fundem para formar o tubo neural, que entra por baixo da epiderme. As células da crista neural se separam da parte superior do tubo neural nos dois lados do lugar da fusão e se espalham por todo o corpo para formar diversas estruturas, como veremos posteriormente. O tubo neural anterior dá origem ao cérebro; mais atrás, o tubo neural que reveste a notocorda vai se transformar na medula espinal. O embrião agora se parece com um girino, e é possível identificar as principais características vertebrais. Na extremidade anterior, o cérebro já está dividido em diversas regiões, e os olhos e os ouvidos começaram a se desenvolver.

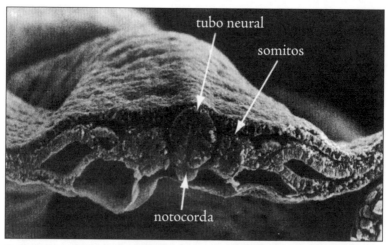

Figura 8. Somitos e tubo neural precoces dentro do embrião de pinto. O tubo neural (centro) contém somitos dos dois lados e a notocorda, debaixo dele.

Como se estabelece a esquerda e a direita? Em relação a muitas estruturas – como olhos, ouvidos e membros –, os vertebrados são bilateralmente simétricos ao redor da linha média do corpo, mas a maioria dos órgãos internos é assimétrica. Nos camundongos e nos humanos, por exemplo, o coração fica do lado esquerdo, o pulmão direito tem mais lobos que o esquerdo, o estômago e o baço ficam mais à esquerda e a parte principal do fígado, mais à direita. Essa lateralidade dos órgãos é extraordinariamente consistente, embora alguns poucos indivíduos – 1 em cada 10 mil pessoas – apresentem a condição conhecida como *situs inversus,* uma inversão total, ou espelhada, da lateralidade. Essas pessoas geralmente são assintomáticas, muito embora todos os seus órgãos estejam invertidos.

A especificação de esquerda e direita é fundamentalmente diferente da especificação dos outros eixos do embrião, uma vez que esquerda e direita só fazem sentido depois que os eixos anteroposterior e dorsoventral tiverem sido estabelecidos. Se um desses eixos estivesse invertido, então o eixo esquerda-direita também estaria. É por essa razão que a lateralidade está invertida quando nos olhamos no espelho – como o nosso eixo dorsoventral está invertido, a esquerda se torna direita, e vice-versa. Embora ainda não se conheçam plenamente os mecanismos pelos quais a simetria esquerda-direita é inicialmente rompida, a série de eventos posteriores que leva à assimetria dos órgãos é mais bem compreendida. O fluxo "para a esquerda" do fluido extracelular através da linha média do embrião por uma população de células ciliadas mostrou-se decisivo, nos embriões de camundongo, para induzir a expressão assimétrica dos genes envolvidos na determinação de esquerda *versus* direita.

A padronização anteroposterior do mesoderma é visível mais claramente nas diferenças dos somitos que formam as vértebras: cada vértebra possui características anatômicas bem definidas, que dependem de sua localização ao longo do eixo. As vértebras mais anteriores são especializadas na fixação e na articulação do crânio; depois das vértebras do pescoço vêm as vértebras que sustentam as costelas; seguem-se as da região lombar, que não sustentam costelas; e, finalmente, as das regiões sacral e caudal. A padronização do esqueleto ao longo do eixo do corpo se baseia no valor posicional adquirido pelas células dos somitos que reflete sua posição ao longo do eixo, e, portanto, determina seu desenvolvimento posterior.

Formados numa ordem bem definida ao longo do eixo anteroposterior, os somitos dão origem aos ossos e às cartilagens do tronco, incluindo a coluna vertebral; aos músculos esqueléticos; e à derme da pele no lado dorsal do corpo. As vértebras, por exemplo, têm formas características nas diferentes posições ao longo da coluna. Os somitos são formados em pares, um de cada lado da notocorda, e sua formação é determinada, em grande medida, por um "relógio" interno do mesoderma pré-somítico. No embrião do pinto, esse relógio é representado por ciclos periódicos de expressão do gene, expressão essa que se estende do posterior ao anterior num espaço de tempo de 90 minutos.

São os genes *Hox* que definem a identidade posicional ao longo do eixo anteroposterior, e, como veremos, eles foram identificados pela primeira vez na mosca. Os genes *Hox* fazem parte da grande família de genes homeobox, que estão envolvidos em muitos aspectos do desenvolvimento e que são o exemplo mais impressionante de uma conservação generalizada dos genes do desenvolvimento em animais. O nome "homeobox" deriva de sua capacidade de provocar uma transformação homeótica, convertendo uma região em outra. A maioria dos vertebrados tem agrupamentos de genes *Hox* em quatro cromossomos diferentes. Uma característica muito especial da expressão dos genes *Hox*, tanto em insetos como em vertebrados, é que os genes dos agrupamentos são expressos no embrião em desenvolvimento numa ordem temporal e espacial que reflete sua ordem no cromossomo. Os genes que estão numa extremidade do agrupamento são expressos na região da cabeça, enquanto aqueles que estão na outra extremidade são expressos na região da cauda. Essa é uma característica exclusiva do desenvolvimento, já que é o único caso conhecido em que uma organização espacial de genes de um cromossomo corresponde ao padrão espacial do embrião. Os genes *Hox* fornecem aos somitos e ao mesoderma adjacente valores posicionais que determinam seu desenvolvimento posterior, ocorrendo alterações morfológicas se seu padrão de expressão for modificado. Camundongos em que o gene *Hoxd3* é apagado apresentam defeitos estruturais na primeira e na segunda vértebra, onde esse gene costuma ser fortemente expresso.

Hoje é possível identificar todos os genes envolvidos em um processo de desenvolvimento. Para compreender como cada um desses genes controla o desenvolvimento, raças de camundongos com um gene mutante específico que afeta o desenvolvimento agora podem ser produzidas de forma relativamente rotineira; além disso, os animais que possuem um gene a mais ou um gene alterado são conhecidos como animais transgênicos. Atualmente são utilizadas duas técnicas principais para produzir camundongos transgênicos. Uma é injetar o DNA que codifica o gene exigido e quaisquer regiões regulatórias necessárias diretamente no núcleo masculino de um óvulo recém-fecundado. Uma técnica mais recente para produzir camundongos transgênicos utiliza células removidas da massa celular interna de um camundongo precoce e que depois são transformadas durante a cultura. Como veremos mais adiante, essas células são totipotentes, sendo conhecidas como células-tronco embrionárias (CTEs). Injetadas na cavidade de um embrião de camundongo precoce, as CTEs se incorporam à massa celular interna, tornando-se, assim, componentes de todos os tecidos do embrião, e até mesmo dando origem a células germinativas. Para gerar camundongos transgênicos com uma mutação específica, as CTEs são transformadas enquanto crescem na cultura e antes de serem introduzidas em um embrião de camundongo precoce. Como não é possível produzir essas transformações em embriões de rã e de pinto, uma técnica diferente conhecida como silenciamento gênico é particularmente útil. RNAs antissensos morfolinos são designados para complementar um mRNA. Quando injetados nas células de um embrião, ligam-se justamente ao mRNA visado, impedindo que ele se transforme em proteína.

Capítulo 3
Invertebrados e plantas

Drosófila

Os avanços alcançados na compreensão do desenvolvimento da mosca-da-fruta *Drosophila melanogaster* tiveram um grande impacto na nossa compreensão do desenvolvimento de outros organismos, inclusive dos vertebrados. Nosso desenvolvimento é muito mais parecido com o da mosca do que se poderia imaginar. Muitos genes que controlam o desenvolvimento das moscas são semelhantes aos genes que controlam o desenvolvimento dos vertebrados e, na verdade, de muitos outros animais. Parece que, quando encontra uma forma satisfatória de desenvolver o corpo dos animais, a evolução tende a utilizar os mesmos mecanismos e moléculas inúmeras vezes – com algumas modificações importantes, naturalmente.

Muitas das mutações relacionadas ao desenvolvimento que levaram à nossa compreensão atual do desenvolvimento da larva de mosca-da-fruta, e que forneceram *insights* fundamentais sobre o desenvolvimento, vieram de um programa de triagem extremamente bem-sucedido que investigou sistematicamente o genoma da mosca-da-fruta em busca de mutações que afetassem a estrutura do embrião precoce. Seu êxito foi reconhecido em 1995 por meio de um prêmio Nobel.

Depois da fertilização e da fusão dos núcleos do espermatozoide e do óvulo, o núcleo fundido passa por uma série rápida de duplicações e divisões, uma a cada 9 minutos mais ou menos; porém, ao contrário da maioria dos embriões, no início não ocorre a clivagem do citoplasma nem a formação de membranas celulares para separar os núcleos. O resultado depois de doze divisões nucleares são cerca de 6 mil núcleos presentes numa camada embaixo da membrana celular, sendo que o embrião permanece, basicamente, uma única célula com muitos núcleos. Nesse estágio, ocorre uma formação precoce de padrões, e, logo depois, membranas brotam da superfície e circundam os núcleos, formando uma única camada de células. Todos os tecidos futuros, com exceção das células germinativas, têm origem nessa camada única de células.

O corpo do inseto é bilateralmente simétrico e tem dois eixos distintos extremamente independentes: o anteroposterior e o dorsoventral, que estão em ângulo reto um em relação ao outro. Esses eixos já estão parcialmente instalados no óvulo da mosca, estabelecendo-se e estruturando-se plenamente em um estágio bem precoce do embrião. O embrião fica dividido em diversos segmentos ao longo do eixo anteroposterior, que se tornarão a cabeça, o tórax e o abdome da larva. Uma série de sulcos uniformemente espaçados que demarcam os parassegmentos se forma mais ou menos ao mesmo tempo, dando origem posteriormente aos segmentos da larva e da mosca adulta. Dos catorze parassegmentos larvais, três fornecem as peças bucais da cabeça; três, a região torácica; e oito, o abdome. A larva da mosca não tem asas nem pernas; estas, além dos outros órgãos, são formadas quando, posteriormente, a larva passa por uma metamorfose provocada por hormônios e assume a forma adulta, como descreveremos mais adiante. No entanto, essas estruturas já estão presentes na larva como discos imaginais – pequenas folhas de células com cerca de quarenta células cada uma no momento da formação.

O desenvolvimento se inicia por meio de um gradiente da proteína Bicoid, ao longo do eixo que vai de anterior a posterior no óvulo; este fornece a informação posicional necessária para outras estruturas ao longo do eixo. O Bicoid é um fator de transcrição e age como um morfógeno – uma concentração estratificada de uma molécula que liga genes específicos em diferentes limiares de concentração, iniciando assim um novo padrão de expressão do gene ao longo do eixo. O Bicoid ativa a expressão anterior do gene *hunchback* (Figura 9). O gene *hunchback* só é ligado quando o Bicoid está presente acima de um determinado limiar de concentração. Por sua vez, a proteína do gene *hunchback* ajuda a ligar a expressão dos outros genes ao longo do eixo anteroposterior.

O eixo dorsoventral é especificado por um conjunto de genes maternos diferentes dos que especificam o eixo anteroposterior, mas por meio de um mecanismo similar. No início, a organização dorsoventral do embrião é estabelecida em

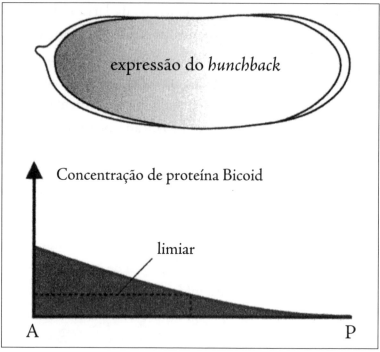

Figura 9. O gradiente da proteína materna Bicoid ativa o gene *hunchback* com uma concentração acima de um nível de limiar.

ângulos retos ao eixo anteroposterior, e o embrião se divide inicialmente em quatro regiões ao longo do eixo dorsoventral; além disso, essa estrutura é controlada pela distribuição da proteína materna Dorsal. Essa proteína é graduada ao longo do eixo ventral a dorsal, e seus efeitos na expressão do gene dividem o eixo dorsoventral em regiões bem definidas. Na região mais ventral, onde as concentrações de proteína Dorsal no núcleo são mais elevadas, a gastrulação resulta numa faixa ventral de células prospectivas do mesoderma que se movem para o interior do embrião.

Como mencionado anteriormente, o embrião se divide ao longo do eixo anteroposterior em diversos segmentos, os parassegmentos, que são as unidades fundamentais do embrião da mosca. Uma vez delimitado, o parassegmento se comporta como uma unidade de desenvolvimento independente que é controlada por um conjunto específico de genes. Inicialmente, os parassegmentos são semelhantes, mas logo adquirem uma identidade única, devido sobretudo aos genes *Hox*. Como os parassegmentos são especificados? Surpreendentemente, eles são definidos pela ação dos genes de regra de pares, cada um dos quais é expresso numa sequência de sete listras transversais ao longo do embrião, correspondendo a cada segundo parassegmento. Quando a expressão do gene da regra dos pares é visualizada por meio do tingimento das proteínas de regra de pares, revela-se um impressionante embrião listrado. À primeira vista, esse tipo de padrão exigiria um processo periódico subjacente, como a criação de uma concentração de uma substância química em forma de onda, com cada listra formando-se na crista da onda. Portanto, causou surpresa a descoberta de que cada listra é especificada de maneira independente pelo padrão de proteínas estabelecido anteriormente. A Figura 10 é um exemplo de como o gene da regra dos pares, ao especificar a terceira listra, *even-skipped* 2, é especificado. Portanto, os genes da regra dos pares precisam de regiões de controle complexas com múltiplos locais de ligação para cada um dos diferentes fatores. O exame das regiões de controle dos genes da regra dos pares revela sete regiões independentes,

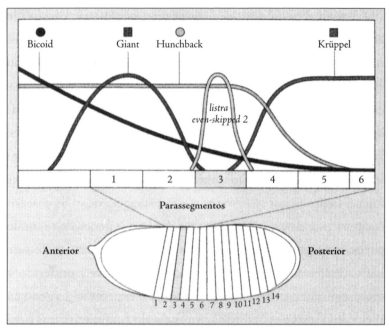

Figura 10. Especificação da segunda listra *even-skipped* como uma listra estreita no parassegmento 3. As proteínas Bicoid e Hunchback ativam o gene *even-skipped* e as proteínas Giant e Krüppel o reprimem.

cada uma delas controlando a localização de uma listra diferente. Esse é um excelente exemplo de como padrões complexos podem desenvolver-se a partir da organização de regiões de controle e das proteínas que se ligam a elas.

Os parassegmentos dão origem aos segmentos da larva e, posteriormente, aos segmentos da mosca adulta. A epiderme de cada segmento não fica apenas estampada com faixas de células epidérmicas, mas cada célula adquire uma polaridade anteroposterior individual, que se reflete no fato de que todos os pelos e as cerdas do abdome da mosca adulta apontam para trás. Esse tipo de polaridade celular é chamado de polaridade celular planar.

Cada segmento da mosca tem uma identidade única, percebida com mais facilidade na larva por meio do padrão característico dos dentículos (projeções pontudas) na superfície. O que torna os segmentos diferentes um do outro? A identidade deles é especificada pelos genes *Hox*, que, como vimos, fornecem a identidade posicional dos vertebrados, mas que foram identificados pela primeira vez na mosca. A primeira prova da existência de genes que especificam a identidade do segmento veio de mutações estranhas e surpreendentes que produziram transformações homeóticas – a conversão de um segmento em outro, como uma antena que vira uma perna. Na mosca, os genes *Hox* encontram-se somente em um cromossomo, e, tal como descrito em relação aos vertebrados, sua ordem de expressão ao longo do eixo anteroposterior corresponde à sua ordem ao longo do cromossomo. O lugar dos apêndices ao longo do corpo, como as pernas, é determinado pelos genes *Hox*.

Nematoides

Os embriões precoces de muitos invertebrados contêm um número muito menor de células que os das moscas e dos vertebrados, e cada célula adquire uma identidade única no estágio inicial de desenvolvimento. Os nematoides, por exemplo, têm apenas 28 células no início da gastrulação, em comparação com os milhares de células da mosca. Existe uma antiga distinção, que atualmente não está tão na moda, feita entre os chamados desenvolvimentos regulativo e mosaico – aquele envolvendo principalmente interações célula-célula, ao passo que este se baseia em fatores localizados nas células e em sua distribuição assimétrica na divisão da célula em duas células-filhas. No desenvolvimento mosaico, os fatores estão em regiões específicas do óvulo. Uma peculiaridade do nematoide é que o destino da célula é especificado frequentemente célula a célula, uma característica típica do desenvolvimento mosaico, e, em geral, não depende de informação posicional estabelecida por gradientes de morfógenos. A especificação célula a célula utiliza muitas vezes a divisão celular assimétrica e a distribuição desigual de fatores citoplasmáticos (Figura 11). No entanto, a divisão celular assimétrica nos estágios iniciais de desenvolvimento não significa que as interações célula-célula nesses organismos estejam ausentes ou não tenham importância.

O nematoide do solo de vida livre *Caenorhabditis elegans* é um importante organismo-modelo da biologia do desenvolvimento. Suas vantagens são a adequação para a análise genética, o pequeno número de células e a linhagem estabelecida, além da transparência do embrião, que permite observar a formação de cada célula. Seu estudo levou a descobertas fundamentais relacionadas ao controle genético do desenvolvimento dos órgãos e à morte programada das células (apoptose), tendo sido reconhecido por meio de um prêmio Nobel.

BIOLOGIA DO DESENVOLVIMENTO

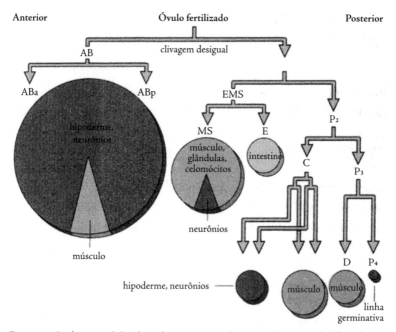

Figura 11. Linhagem celular de embrião imaturo do nematoide *Caenorhabditis elegans*. A hipoderme faz parte da camada externa.

A elaboração da linhagem completa de cada célula do nematoide representa uma vitória da observação direta. O padrão de divisão celular é basicamente invariável – é praticamente o mesmo em todo embrião. Quando nasce, a larva é composta de 558 células, e depois de quatro metamorfoses esse número chega a 959, sem contar as células germinativas, cujo número varia. Esse não é o número total de células provenientes do óvulo, já que 131 delas sofrem morte celular programada, ou apoptose (suicídio celular), durante o desenvolvimento, o que será ainda discutido detalhadamente. Como se conhece o destino de cada célula em cada estágio, pode-se traçar um mapa

{51}

de destino preciso em qualquer estágio, obtendo-se, portanto, uma precisão não encontrada em nenhum vertebrado. No entanto, como em qualquer mapa de destino, essa precisão não implica, de modo algum, que a linhagem determine o destino ou que o destino das células não possa ser modificado. Como veremos, as interações entre as células têm um papel importante na determinação do destino das células do nematoide.

Foi constatado que por volta de 1.700 genes afetavam o desenvolvimento, e muitos genes de desenvolvimento dos nematoides estão relacionados com os genes que controlam o desenvolvimento da mosca e de outros animais, entre os quais estão os genes *Hox* e os genes que codificam proteínas sinalizadoras.

Antes da fertilização, não existe evidência de qualquer assimetria no óvulo do nematoide, mas a entrada do espermatozoide estabelece uma polaridade anteroposterior no óvulo fertilizado que determina a posição da primeira divisão de clivagem. A primeira clivagem é assimétrica e define o eixo anteroposterior. Ela gera uma célula AB anterior e uma célula posterior P_1, menor. A existência de polaridade no óvulo fertilizado torna-se evidente antes da primeira clivagem. Uma capa de microfilamentos se forma na futura extremidade anterior, e um conjunto de grânulos – os grânulos P, que contêm mRNAs e proteínas maternas necessárias para o desenvolvimento das células germinativas – vai se localizar na futura extremidade posterior onde P_1 vai se desenvolver.

A diferenciação celular no nematoide está intimamente ligada ao padrão de divisão celular. Cada célula passa por uma sequência única e quase invariável de clivagens que divide sucessivamente as células em células-filhas anteriores e posteriores. Aparentemente, o destino da célula é especificado levando-se em conta se a célula final diferenciada procede da célula anterior ou posterior em cada divisão. Apesar de a linhagem celular do nematoide ser extremamente estável, as interações célula-célula estão presentes na especificação do eixo dorsoventral.

Como o *timing* dos eventos de desenvolvimento não é bem compreendido, é importante dar um exemplo de desenvolvimento do nematoide. Descobriu-se que o *timing* do desenvolvimento do nematoide sofre um controle genético que envolve micro-RNAs, pequenas moléculas de RNA que não codificam proteínas, mas que alteram a expressão de outros mRNAs. O desenvolvimento do embrião dá origem a uma larva com 558 células, seguindo-se quatro estágios larvais antes de gerar um adulto. Como cada célula do nematoide em desenvolvimento pode ser identificada por meio de sua linhagem e posição, os genes que controlam o destino das células individuais em momentos específicos também podem ser identificados. Descobriram-se as mutações que alteram o *timing* dos eventos de desenvolvimento nos estágios larvais, e elas explicam o controle desse processo pelos micro-RNAs. Diversas mutações desses genes podem gerar desenvolvimento "atrasado" ou "precoce". Os genes que controlam o *timing* dos eventos de desenvolvimento podem agir assim por meio do controle da concentração de alguma substância.

Desenvolvimento das plantas

Como as células da planta têm paredes celulares rígidas e, ao contrário das células dos animais, não se movem, o desenvolvimento da planta resulta, em grande medida, de padrões de divisões celulares orientadas e do aumento do tamanho da célula. Apesar dessa diferença, o destino da célula no desenvolvimento da planta é determinado, em grande medida, por recursos semelhantes aos dos animais – uma combinação de sinais posicionais e comunicação intercelular. Além de se comunicarem por meio de sinais extracelulares e interações na superfície da célula, as células das plantas se interconectam através de canais citoplasmáticos conhecidos como plasmodesmos, que permitem o movimento de proteínas, como os fatores de transcrição, diretamente de uma célula para outra.

A lógica por trás dos esquemas espaciais de expressão genética que moldam o desenvolvimento das flores é semelhante à da ação do gene *Hox*, que molda o eixo corporal dos animais, embora os genes envolvidos sejam completamente diferentes. Uma diferença geral entre o desenvolvimento da planta e o do animal é que a maior parte do desenvolvimento da planta não ocorre no embrião, mas durante o crescimento. Ao contrário do embrião animal, o embrião da planta madura que existe dentro da semente não é simplesmente uma versão menor do organismo no qual ele se transformará. Todas as estruturas "adultas" da planta – brotos, raízes, pedúnculos, folhas e flores – são produzidas na planta adulta a partir de grupos localizados de células indiferenciadas chamados meristemas.

Há dois meristemas no embrião, um na extremidade da raiz e outro na extremidade do broto. Eles continuam existindo na planta adulta, e quase todos os outros meristemas, como os das folhas e dos brotos das flores em desenvolvimento, têm origem neles. As células do interior dos meristemas podem dividir-se várias vezes e dar origem a todos os tecidos e órgãos da planta. Outra diferença importante entre as células da planta e do animal é que uma planta completa e fértil pode desenvolver-se a partir de uma única célula somática diferenciada, e não somente de um óvulo fertilizado. Isso sugere que, ao contrário das células diferenciadas do animal adulto, algumas células diferenciadas da planta adulta podem reter totipotência e, portanto, se comportar como as células-tronco embrionárias dos animais.

Parecida com o agrião, a pequena erva *Arabidopsis thaliana* tornou-se a planta-modelo para estudos de genética e de desenvolvimento. Ela tem apenas dois conjuntos de cromossomos, que contêm cerca de 27 mil genes codificadores de proteína. É uma planta sazonal que floresce no primeiro ano de cultivo, desenvolvendo-se como uma pequena roseta de folhas rasteiras que produz um tronco florescente bifurcado com um capítulo, ou inflorescência, na extremidade de cada ramo. Ela se desenvolve rapidamente e, em laboratório, tem um ciclo de vida total de seis a oito semanas; além disso, como toda planta florescente, ela consegue armazenar, sem dificuldade, grandes quantidades de traços mutantes em forma de semente.

Depois da fertilização, o embrião se desenvolve dentro do óvulo – a estrutura que, além de dar origem às células reprodutivas femininas no interior da flor, as contém –, levando cerca de doze semanas para criar uma semente madura, que se desprende da planta. A semente fica dormente até que condições externas adequadas provoquem a germinação. Na germinação, o broto e a raiz se alongam e emergem da semente. Assim que o broto emerge acima do solo, ele começa a fazer fotossíntese (usa a energia da luz do sol para produzir compostos de carbono a partir de dióxido de carbono), produzindo as primeiras folhas de verdade no ápice do broto. Cerca de quatro dias depois da germinação, a muda é uma planta autossustentável. Os botões de flor normalmente aparecem na planta jovem de três a quatro semanas depois da germinação e abrem dentro de uma semana.

É durante a embriogênese que se estabelece a polaridade broto-raiz do corpo da planta – conhecida como eixo apical-basal – e que são formados os meristemas do broto e da raiz. O desenvolvimento do embrião da *Arabidopsis* envolve um padrão até certo ponto invariável de divisão celular. A primeira divisão é feita em ângulos retos ao eixo longo, dividindo-o em célula apical e célula basal, e estabelecendo uma polaridade inicial que é transferida para dentro do eixo apical-basal da planta. As divisões seguintes produzem um embrião com cerca de 32 células (Figura 12). O embrião se alonga e os cotilédones (folhas de semente) começam a se desenvolver como estruturas aladas numa extremidade, enquanto uma raiz embrionária se forma na outra. Esse estágio é chamado de estágio cordiforme. Meristemas apicais capazes de se dividir ininterruptamente estão situados nas duas extremidades desse eixo: o que se encontra entre os cotilédones dá origem ao broto, enquanto o que está na extremidade oposta do eixo forma a raiz. A região entre a raiz do embrião e o futuro broto vai se transformar no caule da muda, também conhecido como hipocótilo. Quase todas as estruturas das plantas adultas têm origem nos meristemas apicais.

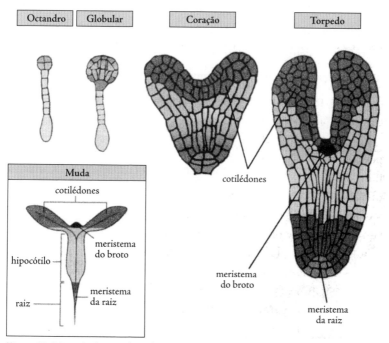

Figura 12. Mapa de destino do embrião da *Arabidopsis thaliana* que produzirá uma muda (no quadro).

A pequena molécula orgânica auxina é um dos sinais químicos mais importantes e onipresentes do desenvolvimento e do crescimento da planta. Ela provoca alterações na expressão genética. Em alguns casos, parece que a auxina age como um morfógeno clássico, formando um gradiente de concentração e especificando diferentes destinos de acordo com a posição da célula ao longo do gradiente. A primeira função conhecida da auxina na *Arabidopsis* ocorre no estágio inicial da embriogênese, em que ela introduz o eixo apical-basal. Logo depois da primeira divisão, a auxina é transportada rapidamente da célula basal para o interior da célula apical, onde ela se acumula. A auxina é necessária para especificar a célula apical, que dá origem ao meristema apical do broto. Por meio de divisões celulares subsequentes, o transporte de auxina continua até que o embrião tenha cerca de 32 células. As células apicais do embrião começam então a produzir auxina, e a direção do transporte de auxina é subitamente invertida.

O meristema contém uma pequena zona central de células autorrenováveis. Células-tronco de meristema são mantidas no estado de autorrenovação pelas células que compõem a base da zona central que forma o centro organizador. O microambiente mantido pelo centro organizador é que fornece a identidade das células-tronco. As células do centro organizador expressam a proteína Wuschel, um fator de transcrição homeobox necessário para produzir um sinal que fornece às células de cobertura sua identidade de célula-tronco. As células deixam a periferia do meristema para criar órgãos como folhas ou flores, sendo substituídas por uma pequena zona central de células-tronco autorrenováveis, que se dividem lentamente, situadas na extremidade do meristema. As células-tronco têm o mesmo comportamento das células-tronco dos animais, podendo dividir-se para fornecer uma filha que permanece uma célula-tronco e uma que dá origem aos tecidos da planta. Essa célula-tronco continua dividindo-se, e seus descendentes são deslocados para a zona periférica do meristema, onde se tornam células fundadoras de um novo órgão, deixam o meristema e se diferenciam.

A maior parte do meristema apical embrionário da *Arabidopsis* dá origem às seis primeiras folhas, enquanto o restante do broto, incluindo todos os capítulos, se origina de um número bem pequeno de células embrionárias localizadas no centro do meristema. As folhas se desenvolvem a partir de grupos de células fundadoras localizadas dentro da zona periférica do meristema apical do broto. Na estrutura que se transformará em folha, são introduzidos dois novos eixos que estarão relacionados com a futura folha: o eixo próximo-distal (que vai da base à extremidade da folha) e o que vai da superfície superior à superfície inferior. À medida que o broto cresce, são geradas folhas no meristema em intervalos regulares e com um espaçamento específico. Nas diferentes plantas, as folhas são organizadas de diversas maneiras ao longo do broto, e a organização específica é chamada de filotaxia. Uma organização habitual é o posicionamento das folhas individuais em forma de espiral acima do tronco, o que às vezes pode produzir um surpreendente padrão helicoidal no ponto mais alto do broto. Em plantas cujas folhas nascem em espiral, forma-se um primórdio da nova folha no centro do primeiro espaço disponível fora da região central do meristema e acima do primórdio anterior. Esse padrão sugere um mecanismo de organização das folhas baseado na inibição lateral, em que cada primórdio de folha inibe a formação de uma nova folha dentro de uma determinada distância.

No meristema da raiz, as células organizam-se de maneira um pouco diferente das do meristema do broto, além de existir um padrão muito mais estereotipado de divisão celular. Tal como o meristema do broto, o meristema da raiz é composto de um centro organizador, chamado de centro quiescente das raízes, no qual as células só se dividem muito raramente, e que é envolto por células semelhantes às células-tronco que dão origem aos tecidos da raiz. O centro quiescente é fundamental para o funcionamento do meristema. A auxina tem um papel decisivo na padronização do crescimento da raiz, e existe uma concentração máxima de auxina estável no centro quiescente.

O desenvolvimento da flor é tratado no capítulo sobre formação de órgãos.

Capítulo 4
Morfogênese

Todos os embriões de animais passam por uma mudança radical em relação à forma durante a fase inicial do desenvolvimento. Isso ocorre principalmente durante a gastrulação, o processo que transforma uma folha bidimensional de células em um complexo corpo animal tridimensional, além de envolver amplas reorganizações das camadas de células e o movimento direcionado das células de um lugar para o outro. Se a formação de padrão pode ser comparada à pintura, a morfogênese se parece mais com a modelagem de uma massa disforme de argila que resulta numa forma identificável.

A mudança de forma é, em grande medida, um problema de mecânica celular e exige forças que provoquem mudanças na forma da célula e na migração celular. Duas características celulares fundamentais presentes nas mudanças da forma embrionária do animal são a contração celular e a aderência celular. A contração em uma parte da célula pode mudar sua forma. As mudanças da forma da célula são geradas por forças produzidas pelo citoesqueleto, uma estrutura proteica interna de filamentos. As células animais apegam-se umas às outras e ao tecido de suporte externo que as rodeia (a matriz extracelular) por meio de interações que envolvem as proteínas da superfície da célula. Portanto, mudanças nas proteínas de adesão na superfície da célula podem determinar a resistência da adesão célula-célula e sua especificidade. Essas interações de adesão afetam a tensão superficial na membrana celular, uma característica que contribui para o mecanismo do comportamento celular. As células também podem migrar, cabendo novamente à contração um papel fundamental. Uma força suplementar que também atua durante a morfogênese, particularmente nas plantas, mas também em alguns poucos aspectos da embriogênese animal, é a pressão hidrostática, que faz as células expandirem. Nas plantas não existe movimento celular ou mudança de forma, e as mudanças de aparência são geradas pela divisão celular orientada e pela expansão celular. A divisão celular também desempenha um papel importante nas mudanças de forma dos animais.

    A contração localizada pode mudar o aspecto das células, bem como da folha em que elas estão. Por exemplo, mudanças localizadas no aspecto da célula (Figura 13) provocam a dobra de uma folha de células – uma característica bastante comum no desenvolvimento do embrião. A contração em um dos lados da célula a faz adquirir uma forma cuneiforme; quando isso ocorre de maneira localizada no meio de algumas células da folha, ocorre uma inflexão no local, deformando a folha. A contração celular localizada é produzida por filamentos de proteína semelhantes aos do músculo, só que mais simples. Mudar os contatos entre as células também pode provocar uma mudança na aparência geral e permitir que grupos de células se separem.

Muitas células embrionárias, como as da crista neural, podem migrar para distâncias relativamente longas. Elas se movem estendendo uma fina camada de citoplasma em forma de folha ou protuberâncias longas e finas chamadas filopódios, que se prendem à superfície sobre a qual elas se movem. Essas duas estruturas temporárias são empurradas para fora da célula pelo grupo de filamentos do citoesqueleto. Então, a contração da rede com características de músculo, tanto na parte anterior como na parte posterior da célula, move a célula para a frente.

A integridade dos tecidos do embrião é mantida pelas interações de adesão entre as células ou entre estas e a matriz extracelular; as diferenças na adesão celular também ajudam a manter os limites entre os diversos tecidos e estruturas. As células grudam umas nas outras por meio de moléculas de adesão celular como as caderinas, proteínas da superfície celular que podem ligar-se firmemente às proteínas de outras superfícies celulares. Foram identificados trinta tipos de caderina nos vertebrados. As caderinas ligam-se entre si; em geral, uma caderina liga-se somente a outra caderina do mesmo tipo, mas elas também podem ligar-se a algumas outras moléculas. A adesão de uma célula à matriz extracelular, que contém proteínas como o colágeno, é feita pela ligação das integrinas da membrana celular com essas moléculas da matriz.

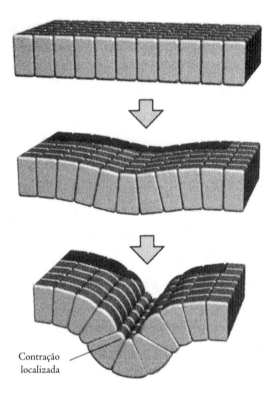

Figura 13. A contração localizada da célula de uma folha pode provocar uma mudança na forma da folha, fazendo-a dobrar-se.

As moléculas de adesão específicas expressas por uma célula determinam a que células ela pode aderir; além disso, mudanças nas moléculas de adesão expressas são responsáveis por muitos fenômenos de desenvolvimento. Diferenças de adesividade celular podem ser ilustradas por meio de experiências nas quais células de dois tecidos diferentes são dissociadas, misturadas e depois associadas. Quando células epidérmicas presuntivas de um anfíbio e a placa neural presuntiva são dissociadas, misturadas e reagrupadas, elas se separam para recriar os dois tecidos diferentes (Figura 14). As células epidérmicas acabam sendo encontradas na face externa do agrupamento, envolvendo uma massa de células neurais – os mesmos tipos de célula que agora estão em contato umas com as outras. Do mesmo modo, uma mistura de células ectodérmicas e mesodérmicas se separa para criar uma massa de células, só que, dessa vez, as ectodérmicas ficam do lado de fora e as mesodérmicas, do lado de dentro. Essa separação é o resultado conjunto do movimento celular e das diferenças de adesividade. Inicialmente, as células movimentam-se de maneira aleatória no agrupamento misturado, trocando adesões mais fracas por adesões mais fortes. As interações de adesão entre as células produzem níveis diferentes de tensão superficial, que são suficientes para gerar o comportamento de separação, do mesmo modo que dois líquidos imiscíveis como o azeite e a água se separam quando misturados.

A primeira mudança de forma no desenvolvimento embrionário do animal é a divisão do óvulo fertilizado, por meio da clivagem, em diversas células menores que levam, em muitos animais, à formação de uma esfera celular oca – a blástula, composta de uma lâmina epitelial cujo interior está cheio de fluidos (Figura 15). O desenvolvimento dessa estrutura a partir de um óvulo fertilizado depende tanto de padrões específicos de clivagem como das mudanças no modo como as células se compactam, como é mostrado de maneira esquemática na figura. Padrões de clivagem precoces podem variar bastante em diferentes grupos de animais. A clivagem radial ocorre em ângulos retos em relação à superfície do óvulo, e as primeiras clivagens produzem fileiras de células que se apoiam diretamente umas sobre as outras. Esse tipo de clivagem é característico do ouriço-do-mar e dos vertebrados. Os óvulos dos moluscos (caramujos, por exemplo) e dos anelídeos (como as minhocas) são exemplos de outro padrão de clivagem, chamado clivagem espiral, no qual as divisões consecutivas estão em planos levemente inclinados entre si, produzindo uma organização espiralada de células. A quantidade de gema no óvulo pode influenciar o padrão de clivagem. Em óvulos com muita gema que, por outro lado, passam pela clivagem simétrica, a linha de clivagem tem início na região com menor quantidade de gema, espalhando-se, gradualmente, por todo o óvulo.

A gastrulação acarreta mudanças drásticas na estrutura geral do embrião, transformando-o numa complexa estrutura tridimensional. Durante a gastrulação, um programa de ativação celular produz migração celular, e mudanças na forma e na adesividade das células remodelam o embrião, de modo que os futuros endoderma e mesoderma se deslocam para dentro, deixando apenas o ectoderma do lado de fora. A principal força da gastrulação é fornecida pelas mudanças na forma das células. O processo é razoavelmente complexo nos vertebrados, sendo mais fácil de perceber no embrião do ouriço-do-mar, que, por ter a vantagem de ser transparente, pôde ser filmado durante a gastrulação. A clivagem celular depois da fertilização resulta numa camada única de células em forma de esfera cujo interior

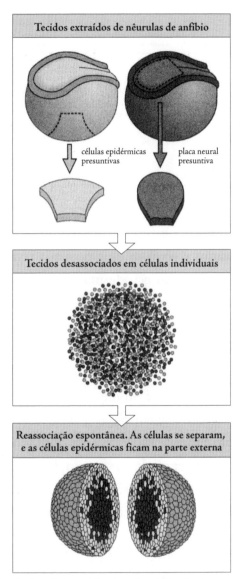

Figura 14. Separação das células epidérmicas das células da placa neural. As células de duas regiões de um embrião de rã foram separadas em células individuais e, depois, reassociadas. Todas as células epidérmicas estão juntas do lado de fora, e as células neurais, do lado de dentro.

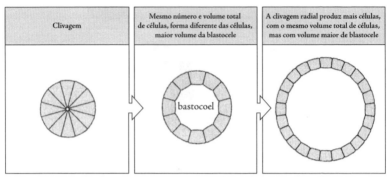

Figura 15. A divisão e a compactação celulares podem determinar o volume da blástula.

está cheio de fluidos. Os futuros mesoderma e endoderma já estão especificados e ocupam uma pequena região da esfera; o restante dá origem ao ectoderma. A gastrulação começa quando as células mesodérmicas ganham mobilidade; elas se separam umas das outras e migram para dentro como células individuais, formando um padrão característico na superfície interna da folha (Figura 16). Elas se deslocam usando finos filopódios, que medem até 40 micrômetros de comprimento e conseguem estender-se em várias direções. Quando entram em contato com a parede e aderem a ela, os filopódios retraem, arrastando o corpo da célula na direção do ponto de contato. Como cada célula estende vários filopódios, pode haver disputa entre eles; a célula será arrastada para a região da parede

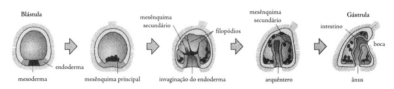

Figura 16. Gastrulação do ouriço-do-mar.

onde o contato feito pelos filopódios for mais estável. As células acabam acumulando-se nas regiões em que foram feitos os contatos mais estáveis.

A entrada do mesoderma é seguida pela invaginação e a extensão do endoderma, criando o intestino embrionário. O endoderma se invagina como uma folha contínua de células. A formação do intestino ocorre em duas fases. Durante a fase inicial, o endoderma se invagina para criar um cilindro curto e grosso que se estende até a metade da parte interna. Ocorre, então, uma breve pausa antes que a expansão continue.

Na segunda fase, as células da extremidade do intestino invaginado criam longos filopódios, que entram em contato com a parede. Suas contrações empurram o intestino alongado até que ele entre em contato com a região da boca e se funda com ela, criando uma pequena invaginação. Essa fase da gastrulação também provoca a extensão convergente devido à rápida reorganização das células no interior da folha endodérmica.

A extensão convergente tem um papel fundamental na gastrulação de outros animais e de outros processos morfogenéticos. Trata-se de um mecanismo cujo objetivo é alongar a camada de células em uma direção enquanto reduz sua largura, ocorrendo através da reorganização das células no interior da folha, e não por meio da migração celular ou da divisão celular. Ela ocorre, por exemplo, na extensão do mesoderma, que alonga o eixo anteroposterior dos embriões de anfíbio. Para que a extensão convergente aconteça, é preciso que os eixos ao longo dos quais as células vão se intercalar e se estender já tenham sido definidos. Primeiro as células são alongadas em uma direção, em ângulo reto ao eixo anteroposterior – a direção mediolateral (Figura 17). Elas também se alinham paralelamente numa direção perpendicular à direção da extensão dos tecidos. O deslocamento rápido fica limitado, em grande medida, às extremidades dessas células bipolares alongadas, que se reorganizam entre si – ou se intercalam – sempre ao longo do eixo mediolateral, sendo que algumas células se movem medialmente e outras, lateralmente. Um processo mecânico similar, chamado intercalação radial, provoca o afinamento da camada multicelular, transformando-a numa camada mais fina, e sua consequente extensão ao redor das bordas, como foi visto durante a expansão do ectoderma da rã. A intercalação radial ocorre no ectoderma multicamadas do hemisfério animal [*animal cap*], no qual as células se intercalam no sentido perpendicular à superfície, movendo-se de uma camada para a imediatamente superior. Isso leva a um aumento da área de superfície e ao afinamento da folha de células.

    A gastrulação nos vertebrados provoca uma reorganização dos tecidos muito mais drástica e intrincada do que no ouriço-do-mar em virtude da necessidade de produzir um plano corporal mais complexo. Nos anfíbios, nos peixes e nas aves ainda existe a complicação suplementar da presença de grandes quantidades de gema. Mas o resultado é o mesmo: a transformação de uma folha de células bidimensional num embrião tridimensional com ectoderma, mesoderma e endoderma corretamente posicionados para o desenvolvimento posterior da estrutura corporal. Nos mamíferos e nas aves, a gastrulação ocorre na linha primitiva, provocando a convergência das células do epiblasto para a linha média, a separação das células individualmente do epiblasto e sua interiorização, seguidas pela migração interna e pela extensão convergente.

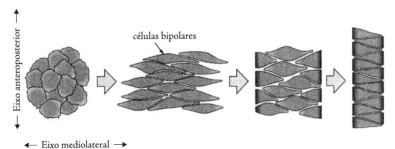

Figura 17. A extensão convergente ocorre por meio do movimento das células bipolares, fazendo que a folha se estreite e aumente.

A gastrulação da rã começa em um lugar do lado dorsal da blástula, na direção do polo vegetal. O primeiro sinal visível é a formação de células em forma de garrafa por algumas células mesodérmicas presuntivas. A estrutura em forma de garrafa se deve à constrição apical da célula (em sua parte superior), que forma um sulco na superfície da blástula, o blastóporo, em cujo lábio dorsal se localiza o organizador de Spemann. A camada de mesoderma e endoderma começa a avançar ao redor do blastóporo, e seus movimentos e organização são complexos. A extensão convergente ocorre tanto no mesoderma como no endoderma, à medida que eles avançam; junto com o alongamento da notocorda, todos esses processos alongam o embrião na direção anteroposterior.

A gastrulação é um pouco mais fácil de descrever no pinto, no camundongo e nos humanos, e ocorre por intermédio da linha primitiva, como foi descrito anteriormente. O epiblasto epitelial – o futuro ectoderma – dá origem tanto ao mesoderma como ao endoderma. As células do epiblasto ficam especificadas na linha como células mesodérmicas e endodérmicas, e elas deixam o epiblasto e se movem através da linha para o interior, formando tecidos intestinais e mesodérmicos como o músculo e a cartilagem, além do fornecimento de sangue, como foi descrito anteriormente em relação ao pinto.

Nos vertebrados, a neurulação resulta na formação do tubo neural – um tubo de epitélio derivado do ectoderma dorsal –, que se transforma no cérebro e na medula espinal. Após indução pelo mesoderma durante a gastrulação, as células ectodérmicas que darão origem ao tubo neural aparecem inicialmente como uma placa espessa de tecido – a placa neural – em que as células se tornaram mais colunares. O tubo neural dos vertebrados é formado por dois mecanismos diferentes em regiões diferentes do corpo. O tubo neural anterior, que cria o cérebro e a medula espinal anterior, é formado dobrando-se a placa neural em um tubo. As bordas da placa neural se erguem acima da superfície, criando duas dobras neurais paralelas que se juntam ao longo da linha média dorsal do embrião e se fundem nas bordas, formando o tubo neural, que se separa, em seguida, do ectoderma adjacente (Figura 18). Por sua vez, o tubo neural posterior se desenvolve a partir de uma sólida haste de células que produz uma cavidade interna, ou lúmen. A curvatura

BIOLOGIA DO DESENVOLVIMENTO

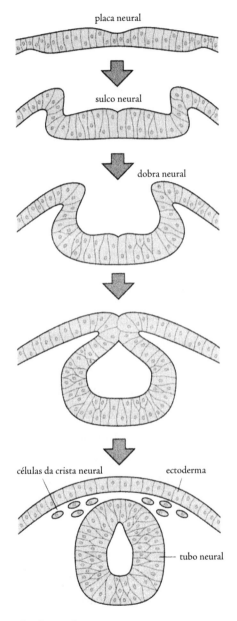

Figura 18. Formação do tubo neural.

da placa neural e a formação de placas neurais se devem às mudanças na forma da célula. As células das bordas da placa, onde a curva é maior, são comprimidas em sua superfície apical. A separação do tubo neural do ectoderma depois de sua formação resulta de mudanças na adesividade da célula.

As células da crista neural dos vertebrados têm origem nas bordas da placa neural. Elas sofrem uma transição epitelial-mesenquimal que permite que deixem a linha média, migrando para longe dela nos dois lados. As células da crista neural são conduzidas para diversos lugares por meio de interações com a matriz extracelular sobre as quais elas se movem, e também por meio de interações intercelulares. As células da crista neural dão origem a uma grande variedade de tipos de célula, entre os quais se encontram as células nervosas, da cartilagem do rosto e pigmentares.

Resultado do aumento da pressão hidrostática dentro da célula, a dilatação direta é uma força importante nas plantas. Esse aumento é um processo importante no crescimento da planta e na morfogênese, proporcionando em até cinquenta vezes o aumento do volume de um tecido. A força motriz da expansão é a pressão hidrostática exercida na parede celular em consequência da entrada de água nos vacúolos da célula por osmose. A expansão da célula da planta provoca a síntese e a deposição de novos materiais da parede celular, sendo um exemplo de dilatação direta. A direção do crescimento da célula é determinada pela orientação das fibrilas de celulose na parede celular.

Capítulo 5
Células germinativas e sexo

Os embriões de animais desenvolvem-se a partir de uma única célula, o óvulo fertilizado (ou zigoto), que é o produto da fusão de um óvulo com um espermatozoide. Nos organismos de reprodução sexuada existe uma diferença fundamental entre as células germinativas e as células somáticas do corpo. As primeiras dão origem aos óvulos e aos espermatozoides, determinando, portanto, a natureza da geração seguinte, ao passo que as células do corpo não dão nenhuma contribuição genética para a geração seguinte. As células germinativas têm três funções fundamentais: a preservação da integridade genética da linhagem germinativa; a produção de diversidade genética; e a transmissão de informação genética para a geração seguinte. Com exceção dos animais mais simples, as células da área germinativa são as únicas células que podem dar origem a um novo organismo. Portanto, ao contrário das células do corpo, que acabam morrendo, as células germinativas, em certo sentido, sobrevivem aos corpos que as produziram. Portanto, elas são células muito especiais que, além disso, não envelhecem.

O desenvolvimento da célula germinativa nos animais tem como resultado o espermatozoide ou o óvulo. O óvulo é uma célula particularmente extraordinária, já que, afinal, dá origem a todas as células do organismo. Nas espécies cujos embriões não são alimentados pela mãe depois da fertilização, o óvulo tem de fornecer tudo que for necessário para o desenvolvimento, já que o espermatozoide não contribui com praticamente nada para o organismo além dos seus cromossomos com seus genes.

Nos animais, as células germinativas são especificadas e separadas no embrião precoce, embora os óvulos e os espermatozoides maduros e funcionais sejam produzidos apenas na idade adulta do organismo. Uma característica importante das células germinativas é que elas continuam totipotentes – capazes de dar origem a todos os tipos de célula do corpo. No entanto, alguns genes dos óvulos e dos espermatozoides dos mamíferos são desligados de maneira diferente durante o desenvolvimento da célula germinativa por meio de um processo chamado *imprinting* genômico, como veremos adiante. Vale notar que alguns animais simples como a hidra, que examinaremos mais à frente, podem reproduzir-se de maneira assexuada, por germinação, e que, mesmo em alguns vertebrados como as tartarugas, o óvulo pode desenvolver-se sem ser fertilizado. As plantas, embora se reproduzam sexualmente, são diferentes da maioria dos animais, na medida em que suas células germinativas não são especificadas precocemente no desenvolvimento embrionário, mas durante o desenvolvimento das flores. Uma característica especial das plantas é que células isoladas retiradas de uma planta adulta podem dar origem a uma planta completa.

As células germinativas convertem-se em óvulos e espermatozoides dentro dos órgãos reprodutores especializados chamados gônadas: o ovário, nas fêmeas, e os testículos, nos machos. Em moscas, nematoides, peixes e rãs, moléculas localizadas em um citoplasma especializado do óvulo provocam a especificação das células germinativas. O exemplo mais claro disso encontra-se na mosca, cuja região citoplasmática especial no polo posterior do óvulo especifica as células germinativas. Não existe nenhuma prova de que haja regiões especiais do óvulo que especifiquem células germinativas no pinto, no camundongo e em outros mamíferos. Em muitos animais, as células germinativas primitivas desenvolvem-se a certa distância das gônadas e só mais tarde migram para elas, onde se diferenciam em óvulos e espermatozoides. As primeiras células germinativas detectáveis podem ser identificadas no camundongo logo antes do início da gastrulação, formando um grupo de seis a oito células. Depois de aproximadamente uma semana há cerca de quarenta células desse tipo na linha primitiva, que representam o conjunto completo de células germinativas primitivas que então migrarão para as gônadas do camundongo.

Para que o número de cromossomos se mantenha constante de geração em geração, as células germinativas são produzidas por um tipo especializado de divisão celular chamado meiose, que reduz à metade o número de cromossomos. Se não houvesse essa redução, o número de cromossomos dobraria toda vez que o óvulo fosse fertilizado. Portanto, as células germinativas, chamadas haploides, contêm um único exemplar de cada cromossomo, ao passo que as células precursoras da célula germinativa e as outras células somáticas do corpo contêm dois exemplares e são chamadas diploides. A divisão pela metade do número de cromossomos na meiose significa que, quando o óvulo e o espermatozoide se juntam na fertilização, o número diploide de cromossomos é restaurado.

A meiose compreende duas divisões celulares; os cromossomos são duplicados antes da primeira divisão, mas não antes da segunda, de modo que seu número é reduzido à metade. Durante o estágio inicial da primeira divisão meiótica, cromossomos homólogos formam pares e trocam de região, gerando cromossomos com novas combinações genéticas. Portanto, a meiose resulta em gametas cujos cromossomos contêm combinações diferentes de genes em comparação com seu precursor. Isso significa que, quando o espermatozoide e o óvulo se juntam na fertilização, o animal resultante terá uma constituição genética diferente de ambos os pais. É por isso que, embora possamos ser parecidos com nossos pais, nunca somos exatamente iguais a eles. Um erro importante na meiose do óvulo humano faz que ele tenha o cromossomo extra 21, conhecido como trissomia do cromossomo 21, que resulta de um erro na primeira divisão meiótica. Essa trissomia é a causa da síndrome de Down, sendo uma das causas genéticas mais comuns da má-formação congênita e da dificuldade de aprender.

O óvulo em desenvolvimento pode depender das atividades sintéticas de outras células. As proteínas da gema das aves e dos anfíbios, por exemplo, são produzidas pelas células do fígado e transportadas pelo sangue até o ovário, onde penetram no óvulo em desenvolvimento (o oócito) e ficam acondicionadas dentro das plaquetas da gema. Os óvulos variam muito de tamanho de um animal para outro, mas são sempre maiores que as células somáticas. As células germinativas dos mamíferos passam por um número pequeno de divisões celulares ao migrar para a gônada e deixam de proliferar quando entram em meiose; assim, considera-se que o número de oócitos no estágio embrionário representa o número máximo de óvulos que uma fêmea mamífera poderá ter. Nos seres humanos, a maioria dos oócitos degenera antes da puberdade, restando cerca de 400 mil, dos 6 a 7 milhões originais, que durarão a vida toda. Esse número declina com a idade, e o declínio torna-se mais acentuado depois dos 35 anos até a menopausa, geralmente com 50 e poucos anos. Nos mamíferos e em muitos outros vertebrados, o desenvolvimento do oócito é mantido em suspenso no primeiro estágio da meiose, mas, depois do nascimento, e quando a fêmea está sexualmente madura, os oócitos começam a sofrer maturação em consequência dos estímulos hormonais.

O desenvolvimento do espermatozoide é bem diferente do desenvolvimento do óvulo. As células germinativas diploides que dão origem ao espermatozoide não entram em meiose no embrião, mas ficam presas num estágio inicial do ciclo celular dentro do testículo embrionário. Elas voltam a proliferar depois do nascimento. Posteriormente, no animal sexualmente maduro, as células-tronco sofrem meiose e se transformam em espermatozoides. Portanto, ao contrário do número fixo de óvulos dos mamíferos fêmeas, o espermatozoide continua sendo produzido durante toda a vida do organismo.

Alguns genes dos óvulos e dos espermatozoides são marcados para que a atuação de um mesmo gene seja diferente se ele tiver origem materna ou paterna. A marcação inapropriada pode provocar o desenvolvimento de anomalias nas pessoas. Foram identificados pelo menos oitenta genes marcados nos mamíferos, e alguns estão relacionados ao controle do crescimento. O fator de crescimento insulínico IGF-2, por exemplo, é necessário para o crescimento do embrião; como no genoma materno seu gene está desligado (marcado), somente o exemplar paterno do gene está ativado. Como o pai tira proveito do crescimento máximo de sua própria prole, seus genes têm uma grande probabilidade de sobreviver e de seguir adiante, enquanto a mãe, que pode cruzar com diversos machos, tira proveito em espalhar seus recursos por toda a sua prole, e, portanto, precisa evitar que um embrião qualquer cresça demais. Desse modo, um gene como o IGF-2, que promove o crescimento do embrião, é desligado no exemplar da mãe. No entanto, os genes marcados provocam muitos outros efeitos além do crescimento.

Diversos distúrbios de desenvolvimento das pessoas estão associados aos genes marcados. Crianças com a síndrome de Prader-Willi não conseguem desenvolver-se e se tornam extremamente obesas mais tarde, além de apresentar atraso mental e distúrbios mentais como o comportamento obsessivo-compulsivo. A síndrome de Angelman resulta em grave atraso motor e mental. A síndrome de Beckwith-Wiedemann deve-se à perturbação generalizada da marcação numa região do cromossomo 7, provocando o crescimento exagerado do feto e o aumento da predisposição ao câncer.

A fertilização é a fusão do óvulo com o espermatozoide, e é o gatilho que inicia o desenvolvimento. A fertilização e a ativação do óvulo estão associadas a uma liberação explosiva de íons livres de cálcio, que inicia o término da meiose no óvulo fertilizado agindo sobre as proteínas que controlam a divisão celular. Em seguida, os núcleos do óvulo e do espermatozoide fundem-se para formar o núcleo do embrião, e o óvulo começa a se dividir e dá início a seu programa de desenvolvimento.

Espermatozoides são células móveis projetadas normalmente para ativar o óvulo e transportar o núcleo deles para dentro do citoplasma do óvulo. Eles são compostos basicamente de um núcleo, das mitocôndrias para fornecer uma fonte de energia, e de um flagelo para se mover. Além dos seus cromossomos, o espermatozoide não contribui praticamente com nada para o organismo. Nos mamíferos, as mitocôndrias do espermatozoide são destruídas depois da fertilização; portanto, todas as mitocôndrias dos animais são de origem materna.

Em muitos organismos marinhos, como o ouriço-do-mar, os espermatozoides liberados na água pelo macho são atraídos para os óvulos por um gradiente de substâncias químicas liberadas pelo óvulo. As membranas do óvulo e do espermatozoide se fundem, e o núcleo do espermatozoide penetra no citoplasma do óvulo. Nos mamíferos e em muitos outros animais, de todos os espermatozoides liberados pelo macho, só um fertiliza o óvulo. Em muitos animais, incluindo os mamíferos, a penetração do espermatozoide ativa um mecanismo de bloqueio no óvulo que impede a penetração de outro espermatozoide. Isso é necessário porque, se mais de um núcleo de espermatozoide penetrar no óvulo, haverá mais conjuntos de cromossomos, resultando em um desenvolvimento anormal. Nos seres humanos, os embriões que apresentam tais anormalidades não conseguem desenvolver-se. As especializações do óvulo são orientadas para impedir a fertilização por mais de um espermatozoide, e o óvulo não fertilizado normalmente é rodeado por várias camadas protetoras do lado de fora da membrana celular. Diferentes organismos têm maneiras diferentes de assegurar que a fertilização seja feita por um único espermatozoide. Nas aves, por exemplo, muitos espermatozoides penetram no óvulo, mas apenas um núcleo de espermatozoide se funde com o núcleo do óvulo; os outros núcleos dos espermatozoides são destruídos no citoplasma.

Os mamíferos têm um número muito pequeno de óvulos maduros – geralmente um ou dois nos humanos e cerca de dez nos camundongos – à espera de serem fertilizados, e menos de cem dos milhões de espermatozoides depositados atingem realmente esses óvulos. Óvulos de humanos e de outros mamíferos podem ser fertilizados em laboratório, com o embrião muito precoce sendo transferido para o útero da mãe, onde é implantado e se desenvolve normalmente. O procedimento de fertilização *in vitro* (FIV) tem sido muito útil para os casais que, por uma série de motivos, não conseguem engravidar. Hoje consideramos a FIV um tratamento corriqueiro para a infertilidade humana, muito embora faça apenas trinta anos que o primeiro bebê de FIV, Louise Brown, nasceu no Reino Unido. O óvulo humano pode até ser fertilizado injetando-se um único espermatozoide intacto diretamente no óvulo em uma cultura, algo útil quando a infertilidade se deve ao fato de o espermatozoide não conseguir penetrar no óvulo. Embriões de FIV podem ser congelados e então implantados, com êxito, muitos anos depois.

Mais recentemente, tornou-se possível fazer a triagem dos genes de embriões produzidos por FIV, com o objetivo de evitar a implantação de um embrião que tivesse uma deficiência genética hereditária. Devido à capacidade regulatória dos embriões humanos, é possível remover uma célula de um embrião durante a clivagem inicial sem afetar seu desenvolvimento futuro. É feita, então, uma triagem do DNA dessa célula em busca de mutações causadoras de doenças. A maior parte das triagens pré-implantação tem sido feita nos casos em que se sabe que os pais são portadores de uma doença genética específica, como a fibrose cística. Essa triagem garante que apenas embriões com gene normal sejam implantados na mãe. A demanda pelo diagnóstico de pré-implantação tem aumentado porque ele pode ser utilizado para fazer a triagem relacionada não apenas às mutações genéticas que afetam o recém-nascido mas também às mutações genéticas que predispõem o indivíduo a uma doença na vida adulta. Um exemplo são as mutações no *BRCA1*,[1] que predispõem as mulheres a desenvolver câncer de mama e de ovário, e são responsáveis por 80% desses tumores em mulheres com uma predisposição genética hereditária. Nos homens, as mutações no *BRCA1* estão relacionadas a uma suscetibilidade maior ao câncer de próstata. Ao fazer a triagem dos embriões para descobrir mutações no *BRCA1*, a predisposição genética a esses tipos de câncer pode ser eliminada da família. O diagnóstico de pré-implantação genética levanta algumas questões práticas e éticas, como a definição das doenças genéticas que devem ser objeto de triagem. Mesmo quando a triagem não está em questão, a FIV costuma produzir mais embriões que o necessário. Embora a destinação dos embriões excedentes seja um assunto polêmico, a maioria é descartada.

Nos mamíferos, o desenvolvimento precoce é semelhante tanto nos embriões masculinos como nos femininos, e as diferenças sexuais só aparecem nos estágios posteriores. O

---

1 O *BRCA1* (sigla em inglês de *breast cancer 1, early onset*, ou começo precoce do câncer de mama 1) é um gene humano pertencente à classe dos genes supressores de tumor, sendo responsável, nos mamíferos, pela síntese da proteína de mesmo nome. (N. T.)

desenvolvimento do indivíduo como macho ou fêmea é determinado geneticamente na fertilização pelo conteúdo cromossômico do óvulo e do espermatozoide, que se fundem para criar o óvulo fertilizado. Existem dois cromossomos sexuais, X e Y. As fêmeas possuem células com dois cromossomos X (XX), enquanto os machos têm um X e um Y (XY). Cada espermatozoide contém um cromossomo X ou Y, enquanto o óvulo tem um cromossomo X. Consequentemente, o sexo genético dos mamíferos é determinado no momento da concepção, quando o espermatozoide introduz um cromossomo X ou Y no óvulo. Um gene do cromossomo Y, *SRY*, provoca o desenvolvimento dos testículos, que liberam hormônios como a testosterona, que provocam o desenvolvimento de tecidos masculinos e impedem o desenvolvimento feminino. O desenvolvimento do pênis e do escroto nos machos, em vez do clitóris e dos lábios das fêmeas, além do tamanho reduzido das glândulas mamárias nos machos, se deve à ação do hormônio testosterona (Figura 19). Em outros animais, como a mosca, o que determina o sexo é o número de cromossomos XX em cada célula, sendo que os hormônios não têm nenhuma participação nesse processo.

O papel dos hormônios no desenvolvimento sexual dos mamíferos é ilustrado pelos raros casos de desenvolvimento sexual anormal. Embora tenham testículos e produzam testosterona, alguns machos XY desenvolvem uma aparência externa feminina se sofrerem uma mutação que os deixe insensíveis à testosterona. Inversamente, fêmeas genéticas com uma

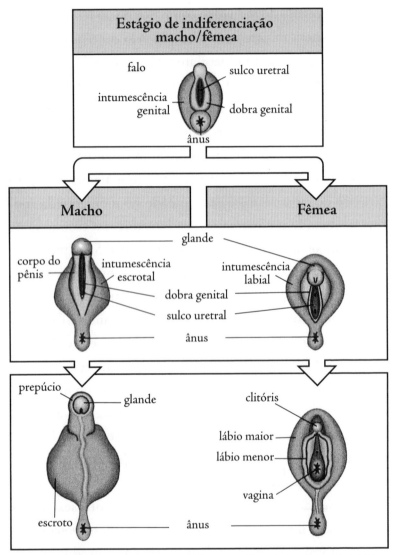

Figura 19. Desenvolvimento dos genitais em humanos. No estágio embrionário inicial, os genitais são idênticos no macho e na fêmea. Depois da formação do testículo no macho, o falo e a dobra genital dão origem ao pênis, ao passo que nas fêmeas dão origem ao clitóris e ao lábio menor. A intumescência genital transforma-se no escroto, no macho, e no lábio maior, na fêmea.

constituição XX completamente normal podem desenvolver fenótipos masculinos na aparência externa se forem expostas a hormônios masculinos durante o desenvolvimento do embrião. Na ausência de um cromossomo Y, o desenvolvimento-padrão dos tecidos acompanha a trajetória feminina. Existem também casos raros de indivíduos XY que são fêmeas, e de indivíduos XX que são fisicamente machos. Isso se deve ao fato de que parte do cromossomo Y se perdeu nas fêmeas XY ou de que parte do cromossomo Y foi transferida para o cromossomo X nos machos XX. Isso pode acontecer durante a meiose das células germinativas masculinas quando os cromossomos X e Y estão em condições de formar um par, e a troca pode ocorrer entre eles.

Em muitos animais, como os mamíferos (incluindo os humanos), existe um desequilíbrio de genes ligados ao cromossomo X entre os sexos. Um sexo tem dois cromossomos, ao passo que o outro tem apenas um. Esse desequilíbrio tem de ser corrigido para assegurar que o nível de expressão dos genes contidos no cromossomo X seja o mesmo em ambos os sexos. O mecanismo por meio do qual o desequilíbrio de genes ligados ao cromossomo X é tratado chama-se compensação de dosagem. A incapacidade de corrigir o desequilíbrio provoca anomalias e impede o desenvolvimento. Mamíferos como camundongos e humanos alcançam a compensação de dosagem nas fêmeas inativando um cromossomo X, selecionado aleatoriamente, em cada célula. Uma vez que o cromossomo X foi inativado numa célula embrionária, ele se mantém inativo em todas as células somáticas, e a inativação persiste durante toda a vida do organismo. O efeito mosaico da inativação X é visível às vezes na pele dos mamíferos fêmeas. Camundongos fêmeas em que um gene da pigmentação do cromossomo X está inativo apresentam manchas coloridas na pele, produzidas por clones de células epidérmicas que expressam o cromossomo X carregando um gene da pigmentação funcional. A compensação de dosagem funciona de modo diferente na mosca. Em vez de reprimir a atividade X "extra" das fêmeas, a transcrição do cromossomo X dos machos é quase duplicada. Nos nematoides, a compensação de dosagem é alcançada por meio da redução do nível de expressão do cromossomo X dos indivíduos XX ao nível do único cromossomo X dos machos.

Ao contrário dos animais, as plantas não deixam as células germinativas à parte, e essas células só são especificadas com o desenvolvimento da flor. Em princípio, qualquer célula meristemática pode dar origem a uma célula germinativa do sexo masculino ou feminino. Além disso, não existem cromossomos sexuais: a grande maioria das plantas florescentes produz flores que contêm tanto órgãos sexuais masculinos como femininos, nos quais ocorre a meiose. Os órgãos sexuais masculinos são os estames; eles produzem o pólen, que contém os núcleos dos gametas masculinos que correspondem aos espermatozoides dos animais. No centro da flor estão os órgãos sexuais femininos, compostos de um ovário de dois carpelos que contém os óvulos. Cada óvulo contém uma célula-ovo. Quando um grão de pólen é depositado na superfície do carpelo, ele produz um tubo que penetra no carpelo e gera dois núcleos haploides de pólen por óvulo. Um núcleo fertiliza a célula-ovo, enquanto o outro se funde com dois outros núcleos do óvulo, formando uma célula triploide que vai se transformar em um tecido nutritivo especializado – o endosperma –, que envolve as células-ovo fertilizadas e fornece a fonte de alimento para o desenvolvimento do embrião.

Capítulo 6
Diferenciação celular e células-tronco

O desenvolvimento dos diferentes tipos de célula, como as células do músculo, do sangue e da pele, é chamado de diferenciação celular. Ela acontece primeiro no desenvolvimento do embrião, continuando depois do nascimento e durante toda a idade adulta. A natureza das células especializadas, como as células nervosas, musculares ou dermatológicas, é o resultado de um padrão específico de atividade genética que determina quais proteínas serão sintetizadas. Os mamíferos têm mais de duzentos tipos identificáveis de células diferenciadas. A principal questão da diferenciação celular é o modo como esses padrões específicos de atividade genética se desenvolvem. A expressão genética está sujeita a uma série de controles, entre os quais as ações dos fatores de transcrição e a modificação química do DNA. Os sinais externos desempenham um papel fundamental na diferenciação ao ativar as vias de sinalização intracelular que afetam a expressão genética.

Embora no início pareçam iguais, as células embrionárias tornam-se diferentes, adquirindo identidades distintas e funções especializadas. As células embrionárias precoces destinadas a se tornar tipos diferentes de célula se diferenciam principalmente umas das outras somente pelo padrão de atividade genética e, portanto, pelas proteínas que elas contêm. A diferenciação celular ocorre ao longo de sucessivas gerações, e as células adquirem gradualmente novas características, enquanto seus possíveis destinos se tornam cada vez mais limitados. Como as precursoras iniciais das células cartilaginosas e musculares não têm, evidentemente, nenhuma diferença estrutural entre si, elas parecem idênticas, podendo ser descritas como indiferenciadas; no entanto, elas se diferenciarão como cartilaginosas e musculares, respectivamente, quando cultivadas em condições adequadas. Igualmente, no estágio inicial de diferenciação, as precursoras dos glóbulos brancos do sangue, ou leucócitos, são estruturalmente indistinguíveis das precursoras dos glóbulos vermelhos, mas são distintas no que se refere às proteínas que elas expressam.

Tal como acontece com os processos de desenvolvimento anteriores, a principal característica da diferenciação celular é a mudança na expressão genética, que provoca uma mudança nas proteínas das células. Os genes expressos em uma célula diferenciada incluem não apenas os relacionados a uma ampla gama de proteínas de "manutenção", como as enzimas presentes no metabolismo de energia, mas também os genes que codificam proteínas celulares específicas que caracterizam uma célula totalmente diferenciada: a hemoglobina, nos glóbulos vermelhos do sangue, a queratina, nas células epidérmicas da pele, além dos filamentos proteicos de actina e miosina – específicas dos músculos –, no músculo. A expressão de uma única proteína pode mudar o estado diferenciado de uma célula. Por exemplo, se o gene *myoD* for introduzido nos fibroblastos – células dos tecidos conectivos –, eles vão se transformar em células musculares quando o *myoD* codificar um regulador transcricional-mestre da diferenciação muscular. É importante perceber, contudo, que a todo momento existem milhares de genes diferentes ativos em qualquer célula do embrião, embora apenas um pequeno número deles possa estar envolvido na especificação do destino ou da diferenciação celular. Técnicas especiais podem detectar todos os genes que estão sendo expressos em um tecido específico ou em um estágio específico de desenvolvimento.

A diferenciação celular é controlada por uma ampla gama de sinais externos, mas é importante lembrar que, embora muitas vezes se diga que esses sinais externos são "instrutivos", eles são "seletivos", no sentido de que o número de opções de desenvolvimento oferecido a uma célula em um determinado momento é limitado. Essas opções são definidas pelo estado interno da célula, que, por sua vez, reflete seu histórico de desenvolvimento; por exemplo, sinais externos não podem transformar uma célula endodérmica numa célula muscular ou nervosa. A maioria das moléculas que atuam como sinais importantes de desenvolvimento entre as células durante o desenvolvimento são proteínas ou peptídios, cujo efeito normalmente é induzir a uma mudança na expressão genética. Essas proteínas e esses peptídios se ligam aos receptores da membrana celular, e o sinal é retransmitido para o núcleo da célula por meio das vias de sinalização intracelular – a transdução de sinal. Os mesmos sinais externos podem ser utilizados várias vezes com efeitos diferentes, porque os históricos das células são diferentes.

Cada célula do corpo de um organismo multicelular contém um núcleo derivado do único núcleo do óvulo fertilizado. Mas os padrões de atividade genética das células diferenciadas variam muito de um tipo de célula para outro. Para entender a base molecular da diferenciação celular, primeiro é preciso saber como o gene pode ser expresso de uma maneira específica em relação à célula. Por que um determinado gene é ligado em uma célula e não em outra? A maioria dos genes fundamentais para o controle do desenvolvimento encontra-se inicialmente em estado inativo e precisa que os fatores de transcrição sejam ativados para que eles se liguem. Esses ativadores se unem a regiões específicas do controle regulatório do DNA, chamadas muitas vezes de acentuassomos. A especificidade da ativação de um determinado gene deve-se a combinações específicas das proteínas reguladoras do gene que se unem a locais exclusivos nas regiões de controle (ver Figura 4). Ao menos mil fatores de transcrição diferentes estão codificados nos genomas da mosca e do nematoide, e até 3 mil no genoma humano. Em média, cerca de cinco fatores de transcrição diferentes atuam juntos numa região de controle, sendo que, em alguns casos, o número é muito maior. Tal como os locais que se unem aos ativadores, as regiões de controle podem conter locais que se unem aos repressores, proteínas que inibem a expressão genética; elas impedem que o gene seja expresso no momento errado ou no lugar errado. Pode-se supor, em geral, que a ativação de cada gene implica uma combinação única de fatores de prescrição. Nos vertebrados, a modificação química em alguns locais do DNA está correlacionada com o bloqueio de transcrição nessas regiões, o que produz um mecanismo que transmite um padrão de atividade genética bloqueado para as células-filhas. Isso também é conhecido como epigenética, e, quando os genes das células germinativas estão implicados, pode até continuar existindo ao longo da geração seguinte.

As células-tronco contêm algumas características especiais em relação à diferenciação. Uma célula-tronco isolada pode dividir-se e produzir duas células-filhas, uma das quais continua sendo uma célula-tronco, enquanto a outra dá origem a uma linhagem de células diferenciadas. Isso ocorre o tempo todo na pele e no intestino, e também na produção das células do sangue. Ocorre também no embrião. Uma das bases desse comportamento é que existe uma diferença intrínseca entre as duas células-filhas, porque a divisão da célula-tronco é assimétrica; o resultado é que as duas células adquirem um complemento proteico diferente. A segunda possibilidade é que sinais externos tornam as células-filhas diferentes; a filha que permanece em um nicho da célula-tronco continua renovando-se por causa dos sinais das células locais, enquanto a que acaba ficando fora do nicho se diferencia. Células-tronco embrionárias (CTEs), provenientes da massa celular interna do embrião mamífero precoce quando a linha primitiva se forma, podem, em cultura, diferenciar-se numa grande variedade de tipos de célula e serem potencialmente úteis na medicina regenerativa. Como examinaremos mais adiante, atualmente é possível transformar células corporais adultas em células-tronco, o que traz consequências importantes para a medicina regenerativa. A hematopoiese, ou formação do sangue, é um exemplo particularmente bem estudado de diferenciação celular. As células-tronco hematopoiéticas são totipotentes – podem dar origem a uma série de tipos diferenciados de célula. A existência das células-tronco totipotentes na formação do sangue pode ser deduzida da capacidade que as células da medula óssea têm de reconstituir um sistema sanguíneo e imunológico completo quando são transplantadas em indivíduos cuja própria medula óssea foi destruída, propriedade essa que é explorada terapeuticamente no uso do transplante da medula óssea para tratar doenças dos sistemas sanguíneo e imunológico. A medula óssea contém células-tronco totipotentes que ficam irreversivelmente comprometidas com uma ou outra das linhagens que geram os diferentes tipos de célula sanguínea. Toda essa atividade ocorre no microambiente da medula óssea e é regulada por sinais externos. A hematopoiese é, na verdade, um sistema completo de desenvolvimento em miniatura no qual uma única célula-tronco totipotente dá origem a vários tipos diferentes de célula sanguínea. Como existe uma rotação contínua das células sanguíneas, a hematopoiese precisa prosseguir durante a vida toda. Para se ter uma ideia da complexidade da hematopoiese, descobriu-se que as células em questão expressam no mínimo duzentos fatores de transcrição, um número semelhante de proteínas associadas à membrana e cerca de 150 moléculas sinalizadoras.

Uma característica essencial da diferenciação do glóbulo vermelho é a síntese de grandes quantidades da proteína hemoglobina, responsável pelo transporte de oxigênio, que está relacionada à regulação coordenada de dois conjuntos diferentes de genes globinas por meio dos fatores de transcrição. Toda a hemoglobina contida em um glóbulo vermelho plenamente diferenciado é produzida antes de sua diferenciação final, quando, nos mamíferos, o núcleo é expelido da célula. A hemoglobina dos vertebrados é feita de duas cadeias idênticas de globinas do tipo α e de duas cadeias idênticas de globinas do tipo β. Nos mamíferos, como os diferentes membros de cada família são expressos em diversos estágios de desenvolvimento, são produzidas hemoglobinas distintas durante a vida embrionária, fetal e adulta. Trata-se de uma adaptação dos mamíferos às exigências de diferenciação em relação ao transporte de oxigênio nos diferentes estágios da vida; por exemplo, como a hemoglobina do feto humano tem mais afinidade com o oxigênio do que a hemoglobina adulta, ela é capaz de absorver oxigênio de maneira eficiente para o embrião. Essa expressão da hemoglobina regulada tendo em vista o desenvolvimento depende de uma região que está a uma distância muito longa, na contracorrente, do gene que está preso de maneira tal que as proteínas ligadas nele podem entrar em contato e interagir com as proteínas ligadas aos promotores do gene da hemoglobina. Mutações nos genes globinas são a causa de várias doenças sanguíneas hereditárias relativamente comuns. Uma delas, a anemia falciforme, é provocada por uma mutação pontual (uma única mudança de nucleotídio no gene). Em pessoas que têm duas cópias dessa mutação, as moléculas de hemoglobina anormais se agregam em fibras, forçando as células a assumir a forma característica de foice. Como essas células sanguíneas não conseguem passar facilmente através dos finos vasos sanguíneos, tendem a bloqueá-los, provocando muitos dos sintomas da doença. Elas também têm um período de vida muito mais curto que o das células sanguíneas normais. Juntos, esses efeitos provocam anemia – uma falta de glóbulos vermelhos funcionais. A anemia falciforme é uma das poucas doenças genéticas em que a ligação entre uma mutação e os efeitos do desenvolvimento posterior na saúde é inteiramente compreendida. Indivíduos que têm apenas uma cópia mutante são mais resistentes à malária.

Entre os outros tipos de célula que têm origem nessa célula-tronco do sangue estão os macrófagos, que eliminam os fragmentos ao redor das células, particularmente os mortos, e os linfócitos do sistema imune, que dão origem aos anticorpos.

A pele dos mamíferos é composta de duas camadas de células: a derme, que contém principalmente as células do tecido conectivo conhecidas como fibroblastos; e a epiderme externa protetora, que contém principalmente células cheias de queratina. As duas camadas de células são separadas pela membrana basal. Devido à função protetora da epiderme, as células de sua superfície externa são regularmente destruídas e precisam ser substituídas – a cada quatro semanas ganhamos uma epiderme novinha em folha; além disso, a epiderme é preservada ao longo da vida pelas células-tronco existentes em sua camada basal (Figura 20). Quando uma célula deixa essa camada de células-tronco, ela se compromete a se diferenciar; além disso, divisões assimétricas das células basais fazem que uma filha permaneça na camada basal e a outra se comprometa a se tornar uma célula que contém queratina. As células mortas acabam vindo à superfície em forma de escamas. As células epiteliais que revestem o intestino também são regularmente substituídas a partir de células-tronco.

A diferenciação do músculo esquelético dos vertebrados pode ser estudada na cultura celular, além de fornecer um valioso modelo de sistema. As células musculares do esqueleto têm origem numa região dos somitos. Os mioblastos, células que estão comprometidas com a formação do músculo, podem ser isolados dos somitos do pinto ou do camundongo para produzir culturas celulares em que as células vão proliferar até que fatores de crescimento sejam removidos e tenha início a diferenciação em células musculares. As células, então, começam a sintetizar proteínas musculares específicas e também a passar por mudanças estruturais. Primeiro elas assumem uma forma bipolar, depois se fundem e formam grandes células em forma de tubo, com vários núcleos que se transformam em músculo. Depois de formadas, as células musculares do esqueleto podem aumentar por meio do crescimento celular, mas não se dividem. No músculo do mamífero adulto existem células-tronco satélites que podem dividir-se e se diferenciar em novas células musculares se o músculo for danificado.

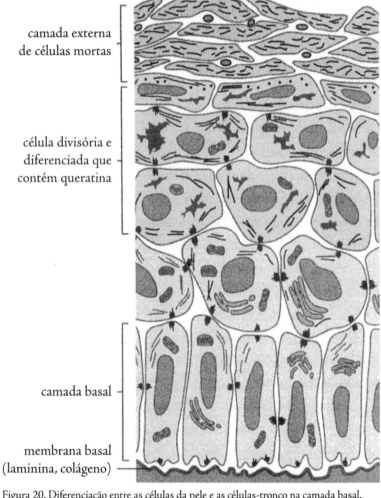

Figura 20. Diferenciação entre as células da pele e as células-tronco na camada basal.

As células podem cometer suicídio durante o desenvolvimento. A morte celular programada – a apoptose – é um processo muito diferente da morte da célula que ocorre se ela estiver danificada. Embora não se trate, rigorosamente, de diferenciação celular, convém considerá-la nesses termos. Ela está presente, por exemplo, no desenvolvimento dos membros dos vertebrados, em que a morte das células que ficam entre os dedos em desenvolvimento é essencial para separar os futuros dedos. O desenvolvimento do sistema nervoso dos vertebrados também provoca a morte de um grande número de neurônios.

A morte celular programada é particularmente importante no desenvolvimento do nematoide: das 959 células somáticas que têm origem no óvulo, 131 morrem durante o desenvolvimento. Em todos esses casos, a célula que está morrendo passa por um tipo de suicídio celular que exige tanto o RNA como a síntese proteica. A célula que está morrendo se rompe em fragmentos, que acabam sendo removidos pelos macrófagos. São essas características que distinguem a apoptose da morte celular causada por avaria, na qual a célula inteira tende a se dilatar e, finalmente, estourar. As células de todos os tecidos estão intrinsecamente programadas para sofrer a morte celular, e a única coisa que as impede de morrer são sinais de controle positivos vindos das células vizinhas. A morte celular programada também desempenha um papel fundamental no controle do crescimento e na prevenção do desenvolvimento de células cancerígenas.

Até que ponto a diferenciação celular é reversível? Em que medida o padrão de atividade genética das células diferenciadas consegue reverter para o padrão presente no óvulo fertilizado? Um jeito de descobrir se ele pode ser revertido é colocando o núcleo de uma célula diferenciada em um ambiente citoplásmico diferente, que contenha um conjunto diferente de proteínas reguladoras de genes. Foi essa experiência que levou à clonagem. As experiências mais radicais voltadas à reversibilidade da diferenciação têm investigado a capacidade de núcleos de células em estágios diferentes de desenvolvimento de substituir o núcleo de um óvulo e de sustentar o desenvolvimento normal. Se conseguirem fazer isso, seria um sinal de que não teriam ocorrido mudanças irreversíveis no genoma durante a diferenciação. Isso também demonstraria que um padrão específico de atividade genética é determinado por quaisquer tipos de fatores de transcrição e outras proteínas reguladoras que estejam sendo sintetizados no citoplasma da célula.

Essas experiências foram realizadas inicialmente utilizando óvulos de rã, que são particularmente resistentes à manipulação experimental. No óvulo não fertilizado da rã, o núcleo fica diretamente abaixo da superfície do polo animal. Uma dose de radiação ultravioleta direcionada ao polo animal destrói o DNA no interior do núcleo, impedindo, assim, o funcionamento de todos os genes. Esses óvulos eficazmente enucleados podem ser inoculados com um núcleo extraído de uma célula que esteja num estágio mais avançado de desenvolvimento, ou até mesmo de uma célula adulta, para verificar se ele pode funcionar no lugar do núcleo desativado. Os resultados são surpreendentes: núcleos de embriões precoces e de alguns tipos de células de adultos, como as células epiteliais do intestino e da pele, podem substituir o núcleo do óvulo e sustentar o desenvolvimento de um embrião até o estágio de girino e, num pequeno número de casos, chegar à idade adulta. Esse processo é chamado de clonagem, já que ele cria um animal com o conjunto de genes idêntico ao da célula doadora do núcleo. No entanto, a taxa de sucesso com núcleos originários das células somáticas de um adulto é muito baixa: apenas um pequeno percentual de transplantes de núcleo se desenvolve além do estágio de clivagem. Esses resultados mostram que os genes necessários para o desenvolvimento não são alterados de forma irreversível durante o desenvolvimento, e que o comportamento das células é determinado inteiramente pelos fatores presentes nela.

O que acontece com organismos diferentes da rã? O primeiro mamífero a ser clonado foi uma ovelha, a famosa Dolly. Nesse caso, o núcleo foi extraído de uma linhagem celular derivada do úbere. Em geral, a taxa de sucesso da clonagem por transferência nuclear de células somáticas em mamíferos é baixa, e ainda não se sabe muito bem o motivo. Embora diversos mamíferos – incluindo bovinos, ovelhas, cães e um camelo – tenham sido clonados, até agora nenhum primata semelhante ao macaco foi clonado e desenvolvido até a idade adulta. A maioria dos mamíferos clonados provenientes de transplante nuclear normalmente é, de alguma maneira, anormal. A causa do fracasso é a reprogramação incompleta do núcleo do doador, que impede a remoção das modificações anteriores. Uma causa associada de anormalidade pode ser o fato de que os genes reprogramados não passaram pelo processo normal de marcação que ocorre durante o desenvolvimento das células germinativas, em que diversos genes dos antepassados masculino e feminino são silenciados. Entre as anormalidades dos adultos desenvolvidos a partir de embriões clonados estão a morte precoce, as deformidades dos membros e a hipertensão, nos bovinos, e a imunodeficiência, nos camundongos. Acredita-se que todos esses defeitos sejam provocados por expressões genéticas anormais que surgem como consequência do processo de clonagem. Estudos mostraram que uns 5% dos genes de camundongos clonados não são expressos corretamente, e que quase a metade dos genes marcados está expressa incorretamente. A clonagem de seres humanos deve ser evitada porque é quase certo que a criança será anormal, e não por questões de natureza ética, que não existem. Apesar de a mídia trazer relatos sobre a clonagem de seres humanos, felizmente nenhum deles foi comprovado.

Já vimos vários exemplos de células-tronco totipotentes que, além de se regenerarem sozinhas, dão origem a uma série de tipos diferentes de célula. Se essas células pudessem ser produzidas de forma confiável e em número suficiente, talvez fosse possível utilizá-las para substituir as células que foram danificadas ou morreram em razão de doenças ou lesões. Esse é um dos principais objetivos do campo da medicina regenerativa. Para utilizar de modo terapêutico as células-tronco, teremos de compreender, de maneira precisa, como a atividade genética pode ser controlada nas células-tronco para produzir o tipo desejado de célula e quão adaptáveis as células-tronco são.

Nos mamíferos, os principais exemplos de células-tronco totipotentes são as células-tronco embrionárias (CTEs) originárias da massa celular interna do embrião precoce. As CTEs do camundongo foram estudadas de maneira exaustiva. Elas podem ser mantidas em cultura por longos períodos, aparentemente por um tempo ilimitado; porém, se forem inoculadas em um embrião precoce que depois é devolvido para a mãe, podem contribuir com todos os tipos de célula daquele embrião (Figura 21). Para manter as CTEs do camundongo em um estado totipotente na cultura celular, as células têm de expressar uma combinação específica de quatro fatores de transcrição, cuja expressão simultânea está restrita a células-tronco totipotentes. As CTEs podem ser produzidas para se diferenciar em um tipo específico de célula por meio da manipulação das condições de cultura, particularmente no que diz respeito aos fatores de crescimento existentes. Submetidas a tratamentos específicos, as CTEs podem diferenciar-se em músculo cardíaco, células sanguíneas, neurônios, células pigmentárias, epitélios, células adiposas, macrófagos e até células-tronco.

O objetivo da medicina regenerativa é restaurar a estrutura e o funcionamento dos tecidos danificados ou doentes. Como podem proliferar e se diferenciar numa ampla gama de tipos de célula, as células-tronco são fortes candidatas para serem usadas em terapia de reposição celular, que é a restauração

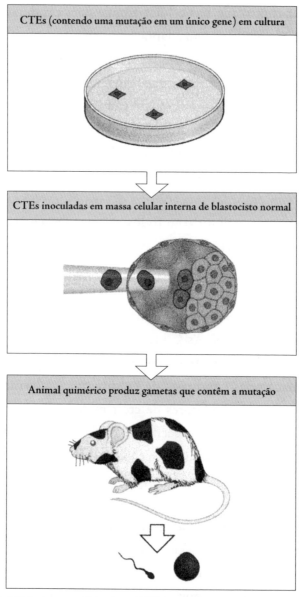

Figura 21. Células-tronco embrionárias (CTEs) injetadas no interior da massa celular de um blastocisto podem dar origem a todos os tipos de célula.

do funcionamento do tecido por meio da introdução de células novas saudáveis. Esse tipo de terapia poderá oferecer uma alternativa ao transplante convencional de órgãos de um doador, com os problemas decorrentes de rejeição ou de falta de órgãos, e também pode ser capaz de restaurar o funcionamento dos tecidos do cérebro e dos nervos, por exemplo. Alega-se que existem questões éticas associadas ao uso de CTEs humanas, já que o embrião pode ser destruído quando as células-tronco são extraídas dele, e tem gente que acredita que se estaria destruindo uma vida humana. Existem provas suficientes de que, nesse estágio bastante precoce, o embrião não equivale necessariamente a um indivíduo, já que ele ainda é capaz de dar origem a gêmeos em um estágio posterior. Além disso, na prática muitos embriões precoces são mortos durante a reprodução assistida que envolve a FIV, uma intervenção médica amplamente aceita. Aceitar a FIV e rejeitar o uso de CTEs poderia ser considerada uma postura contraditória.

A geração de células pancreáticas β produtoras de insulina a partir de CTEs, para substituir as células destruídas no diabetes tipo 1, é um dos principais objetivos da medicina. Tratamentos que direcionam a diferenciação de CTEs no sentido de produzir derivados da endoderme como as células pancreáticas têm sido particularmente difíceis de descobrir. Apesar disso, por meio do conhecimento dos sinais que induzem o desenvolvimento da endoderme e do pâncreas em embriões de camundongo, tem se avançado na invenção de métodos para diferenciar CTEs humanas em células progenitoras pancreáticas. Estratégias semelhantes também podem ser usadas em outras doenças. A doença neurodegenerativa de Parkinson é um dos outros alvos da medicina. O uso de células-tronco totipotentes retiradas do paciente evitaria as questões éticas associadas às células-tronco embrionárias, além de evitar o problema da rejeição imune das células transplantadas.

Gerar essas células-tronco a partir do próprio tipo de tecido do paciente seria extremamente vantajoso; além disso, o desenvolvimento recente de células-tronco totipotentes induzidas (iPSCs, na sigla em inglês) oferece novas oportunidades muito estimulantes. As iPSCs foram feitas a partir de fibroblastos por meio da introdução e expressão de genes dos quatro fatores de transcrição que estão associados à pluripotencialidade das CTEs. Pacientes submetidos à terapia de substituição celular com CTEs ou iPSCs correm o risco de indução de tumor; as células totipotentes indiferenciadas introduzidas no paciente podem causar tumores. Esse problema só será superado por meio de procedimentos rigorosos de seleção que assegurem que nenhuma célula indiferenciada esteja presente na população de células transplantadas. Além disso, ainda não está claro qual será a estabilidade das CTEs diferenciadas e das iPSCs no longo prazo.

Capítulo 7
Órgãos

Uma vez formulado o plano corporal básico do animal, pode ter início o desenvolvimento de órgãos tão variados como os membros e os olhos. O desenvolvimento dos órgãos envolve uma grande quantidade de genes, e, em razão dessa complexidade, pode ser muito difícil distinguir os princípios gerais. Apesar disso, muitos dos mecanismos utilizados na organogênese são similares aos do desenvolvimento precoce; além disso, alguns sinais são utilizados várias vezes. A formação de padrões de desenvolvimento em diversos órgãos pode ser especificada pela informação posicional, que é indicada por um gradiente de uma propriedade. A ideia básica pode ser ilustrada por meio do modelo da bandeira francesa: se as células conhecem suas posições, então elas conseguem interpretá-las diferenciando-as em vermelho, branco ou azul, de modo a representar a bandeira. A vantagem desse modelo é que o padrão é o mesmo para tamanhos diferentes. As células podem identificar sua posição por meio da concentração de uma molécula graduada ao longo do campo.

Um grupo especializado de células localizado em um dos limites da área a ser padronizada pode enviar um sinal, possivelmente a concentração de uma molécula, que diminui com a distância da fonte, formando assim um gradiente de informação. Em seguida, qualquer célula localizada ao longo do gradiente "lê" a concentração naquele ponto específico, interpreta o resultado e reage de maneira adequada a sua posição criando um padrão específico de expressão genética. As moléculas que têm essa concentração gradual e que conseguem induzir essas mudanças no destino celular são conhecidas como morfógenos.

Foram sugeridos gradientes de informação posicional em relação a diversos padrões durante o desenvolvimento: regionalização dos eixos anteroposterior e dorsoventral e padronização dos segmentos e discos imaginais nos insetos; padronização do mesoderma nos vertebrados; padronização dos membros dos vertebrados; e padronização ao longo do eixo dorsoventral do tubo neural vertebrado; entre outros. Ainda não está claro como são formados os gradientes de informação posicional, particularmente os papéis relativos da difusão morfogênica e das interações intracelulares.

Os membros embrionários dos vertebrados constituem um sistema particularmente adequado para estudar o desenvolvimento de um órgão, já que a princípio o padrão básico é bastante simples. Os princípios básicos da padronização dos membros foram investigados de maneira ampla nos embriões de pinto, porque os próprios membros em desenvolvimento são facilmente acessíveis por manipulação microcirúrgica. Os camundongos são utilizados para estudar alguns aspectos do desenvolvimento dos membros, sobretudo por meio de mutantes espontâneos e artificiais. Nos embriões de pinto, os primeiros sinais das asas são pequenas protrusões – os botões embrionários – que surgem a partir da parede corporal do embrião. Os elementos que compõem o esqueleto do membro são compostos inicialmente de cartilagem, sendo substituídos posteriormente pelo osso; além disso, os músculos e os tendões também se desenvolverão. O membro possui três eixos de desenvolvimento: o eixo próximo-distal, que se estende do quarto dianteiro à extremidade do membro; o eixo anteroposterior, que atravessa os dedos do polegar ao dedo mínimo e que, na asa do pinto, vai do segundo ao quarto dedo; e o eixo dorsoventral, que vai do dorso à palma da pata. O botão embrionário precoce tem um núcleo de células proliferantes soltas dentro de uma camada externa de células ectodérmicas. Os ossos e os tendões se desenvolvem a partir dessas células soltas, mas os músculos dos membros têm uma linhagem independente – eles migram para dentro do botão embrionário a partir dos somitos.

Na extremidade do botão embrionário ocorre a dilatação do ectoderma – a crista apical –, provocando um achatamento dorsoventral do botão embrionário. Logo abaixo da crista ectodérmica apical fica uma região composta de células indiferenciadas que proliferam rapidamente chamada zona de progresso. As células só começam a se diferenciar quando deixam essa zona (Figura 22). As duas principais regiões organizadoras do membro são a crista apical, que produz sinais essenciais

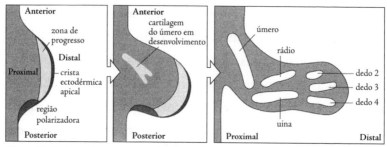

Figura 22. Existem duas zonas sinalizadas no broto da asa do pinto: a zona polarizadora e a crista apical. A zona de progresso fica acima da crista apical. O membro desenvolve-se no sentido próximo-distal.

para o crescimento do membro e para a padronização correta ao longo do eixo próximo-distal do membro; e uma região polarizadora, um grupo de células do lado posterior do broto embrionário que é crucial para determinar o padrão ao longo do eixo anteroposterior do membro. As células da região polarizadora expressam a proteína sinalizadora Sonic hedgehog.

À medida que o broto cresce, as células começam a se diferenciar e surgem as primeiras estruturas cartilaginosas. A parte proximal do membro – ou seja, a parte mais próxima do corpo – é a primeira a se diferenciar, e a diferenciação prossegue na direção da extremidade do membro (distalmente) à medida que ele aumenta. Os elementos cartilaginosos da asa são dispostos numa sequência próximo-distal na asa do pinto: úmero, rádio, ulna; os elementos do carpo; e, depois, os três dedos facilmente identificáveis, 2, 3 e 4.

É possível considerar que o broto embrionário do pinto em desenvolvimento é determinado pela informação posicional adquirida pelas células, ainda que isso seja um pouco discutível. A posição das células é especificada em relação aos eixos principais do membro. A especificação de padrão ao longo do eixo anteroposterior do broto da asa é mais bem percebida em relação aos três dedos. A padronização ao longo desse eixo é que especifica os dedos individuais e lhes confere sua identidade. A região organizadora do eixo anteroposterior é a região polarizadora. Quando a região polarizadora de um broto precoce de asa de pinto é transplantada para a margem anterior de outro broto precoce de asa de pinto, desenvolve-se uma asa com um padrão de imagem espelhada: em vez do padrão normal dos dedos – 2 3 4 –, o padrão é 4 3 2 2 3 4 (Figura 23). O padrão dos músculos e tendões do membro indica mudanças similares de imagem espelhada. Os dedos complementares originam-se do broto embrionário hospedeiro, não do transplante, mostrando que a região polarizadora transplantada alterou o destino de desenvolvimento das células hospedeiras da região anterior do broto embrionário. Uma das maneiras pelas quais a região polarizadora consegue especificar posições ao longo do eixo anteroposterior é produzindo morfógeno, uma molécula difusível, que forma um gradiente posterior-anterior. A concentração de morfógeno pode especificar a natureza dos dedos. O dedo 4 se desenvolveria com uma concentração alta, o dedo 3 com uma mais baixa, e o dedo 2 com uma mais baixa ainda. Quando um número pequeno de células da região polarizadora é transplantado previamente, só um dedo 2 suplementar se desenvolve. A região polarizadora da perna tem um efeito similar. Descobriu-se que os brotos embrionários de vários outros vertebrados, entre os quais o camundongo, o porco, o furão, a tartaruga, e até mesmo os brotos embrionários humanos, têm uma região polarizadora. Quando a margem posterior de um broto embrionário de um embrião dessas espécies é transplantada para a margem anterior de um broto de asa de pinto, são produzidos dedos suplementares da asa do pinto. Esse é um ótimo exemplo de que o efeito de um sinal depende da reação das células. A separação dos dedos, inclusive dos nossos, deve-se à morte programada das células que existem entre os elementos cartilaginosos dos dedos. Os pés palmados dos patos e de outras aves aquáticas resultam, simplesmente, da morte de um número menor de células entre os dedos.

Não existem provas de que o morfógeno provoque a formação de dedos, em vez de especificar sua natureza. Quando uma mistura aleatória de células do membro que não contém nenhuma célula polarizadora é colocada na capa ectodérmica do membro, ela consegue desenvolver elementos cartilaginosos como os dedos. Isso pressupõe a existência de um mecanismo auto-organizador no broto embrionário capaz de estabelecer um conjunto regular de elementos com a aparência de dedos, mas que não consegue lhes conferir identidades distintas. Um mecanismo como esse pode estar baseado, por exemplo, no modelo de reação-difusão, que, conforme foi sugerido, seria o responsável por padrões repetidos como as listras do acará. Existem sistemas químicos auto-organizados de difusão de moléculas que geram espontaneamente padrões espaciais de concentração de alguns dos seus componentes moleculares. A distribuição inicial das moléculas é uniforme, mas ao longo do tempo o sistema forma padrões ondulatórios. Esse sistema de reação-difusão foi descoberto por Alan Turing. Portanto, esse mecanismo poderia gerar padrões periódicos como a organização dos dedos e padrões de pigmento na pele dos animais.

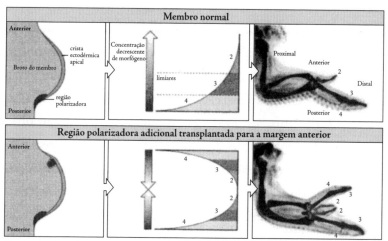

Figura 23. A região polarizadora pode estabelecer um gradiente que especifica posição.

Os mecanismos que moldam o eixo próximo-distal ainda provocam certa controvérsia. A remoção da crista apical de um broto embrionário de pinto por meio de microcirurgia resulta numa redução significativa do desenvolvimento; além disso, o membro fica incompleto, com a perda de partes distais. Quanto mais cedo a crista é removida, maior o efeito. A partir da crista, um sinal essencial é enviado através dos fatores de crescimento do fibroblasto. O modelo existente há mais tempo sugere que a padronização próximo-distal é especificada pelo período de tempo que as células passam na zona celular da extremidade do membro, abaixo da crista apical – a zona de progresso. Como o botão embrionário se estende de proximal para distal, as primeiras células a deixar a zona se transformam em elementos proximais, e as que a deixam por último formam as pontas dos dedos. O modelo sugere que as células calculam o tempo que elas passam na zona de progresso, e é isso que lhes confere seu valor posicional ao longo do eixo próximo-distal. Esse tipo de mecanismo de tempo em relação ao membro é compatível com a observação de que a remoção da crista apical produz um membro distal incompleto. Outra linha de evidência é que a neutralização ou o bloqueio da proliferação de células na zona de progresso de um broto de asa de embrião em estágio precoce – por exemplo, através de irradiação com raios X – resulta na ausência de estruturas proximais, enquanto as distais estão presentes e podem ser quase normais. Como muitas células da zona de progresso irradiada não se dividem, um número de células menor que o normal deixará a zona durante os estágios iniciais, levando, portanto, à ausência de elementos proximais; porém, como ela é gradualmente repovoada com células normais, as estruturais distais realmente se desenvolvem. Um modelo como esse poderia explicar a ausência de estruturas proximais dos membros e as mãos presas aos ombros em bebês nascidos no final dos anos 1950 e início dos anos 1960 de mães que, durante a gravidez, tomaram a droga talidomida para aliviar o enjoo matinal. É sabido que a talidomida interfere no desenvolvimento dos vasos sanguíneos, o que poderia ter resultado numa grande morte de células em todo o broto embrionário precoce, inclusive na zona de progresso. No entanto, esses modelos foram criticados, e outros foram propostos. Sugeriu-se que os efeitos da irradiação e da talidomida podem ser explicados pelo simples fato de eliminarem as células precursoras da cartilagem no momento em que as regiões proximais estão se formando, mas a diferenciação distal ainda não se iniciou.

As células que dão origem aos músculos do membro migram para dentro do broto embrionário a partir dos somitos e se multiplicam, formando inicialmente os blocos dorsal e ventral de músculo presuntivo. Esses blocos passam por uma série de divisões antes de darem origem aos músculos individuais. As células de músculo presuntivo não adquirem valores posicionais do mesmo modo que as células da cartilagem e dos tecidos conectivos, além de serem todas equivalentes. O padrão muscular é determinado pelas células através das quais os futuros músculos migram, e isso pode dever-se ao fato de elas se ligarem às células musculares migrantes.

O mecanismo pelo qual as conexões corretas entre tendões, músculos e cartilagens são estabelecidas envolve pouca ou nenhuma especificidade; elas são realmente democráticas. Se a extremidade de uma asa em desenvolvimento for invertida dorsoventralmente, os tendões dorsais e ventrais podem unir--se com músculos e tendões inadequados; eles simplesmente se conectam com os músculos e tendões que estão mais próximos das suas extremidades livres – são promíscuos.

Os órgãos e os apêndices adultos da mosca, como as asas, as pernas, os olhos e as antenas, se desenvolvem a partir dos discos imaginais. Os discos têm origem no ectoderma embrionário como simples bolsas de epitélio durante o desenvolvimento embrionário, permanecendo assim até a metamorfose, quando se transformam em estruturas específicas. Embora pareçam, à primeira vista, muito semelhantes, todos os discos imaginais se desenvolvem de acordo com o segmento em que estão localizados; sua identidade e seu desenvolvimento são controlados pelos genes *Hox*. Os discos da asa e da perna são especificados inicialmente como grupos de vinte a quarenta células, crescendo cerca de mil vezes durante o desenvolvimento larvar. A perna desenvolve-se a partir de uma região circular de seu disco imaginal (Figura 24). Ao estender-se para a frente, o centro do disco transforma-se na extremidade da perna. Na metamorfose, quando a padronização dos discos imaginais está quase completa, os discos da asa e da perna passam por uma série de mudanças anatômicas profundas para formar as estruturas adultas.

A variedade de marcas coloridas nas asas das borboletas é admirável: é possível distinguir mais de 17 mil espécies. Muitos dos padrões são variações de uma "planta baixa" composta de faixas e de círculos concêntricos em forma de olho. As asas da borboleta desenvolvem-se a partir de discos imaginais, de modo semelhante ao das asas da mosca. O círculo concêntrico

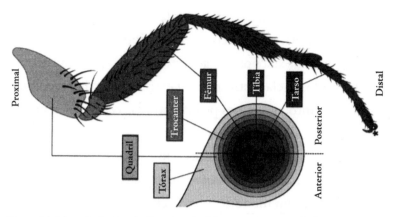

Figura 24. Mapa de destino do disco imaginal da perna da mosca-da-fruta, *Drosophila melanogaster*.

é especificado em um estágio posterior do desenvolvimento do disco da asa, e o padrão depende de um sinal emitido do centro da marca. É possível que o desenvolvimento do círculo em forma de olho e a padronização da perna distal envolvam mecanismos semelhantes, e que se possa considerar que o círculo concêntrico em forma de olho seja um padrão próximo--distal sobreposto à superfície bidimensional da asa. Discos imaginais diferentes podem ter os mesmos valores posicionais, o que significa que os discos da asa e da perna interpretam sinais posicionais de maneira diferente. Essa interpretação está sob o controle dos genes *Hox* e pode ser demonstrada em relação à perna e à antena. Se o gene *Hox Antennapedia*, que normalmente é expresso nos parassegmentos 4 e 5 e especifica os discos do segundo par de pernas, for expresso na região da cabeça, as antenas se desenvolverão como pernas. É possível criar um clone de células expressas de *Antennapedia* num disco antenal normal. Essas células se desenvolvem como células de perna, mas precisamente o tipo de célula de perna que depende de sua posição ao longo do eixo próximo-distal; por exemplo, se elas estiverem na extremidade, formam uma garra. Portanto, os valores posicionais das células da antena e da perna são iguais, e a diferença entre as duas estruturas se encontra na interpretação desses valores, que é controlada pela expressão ou não do gene *Antennapedia*. Depois que a evolução descobriu um modo seguro de criar padrões, ela passou a utilizá-lo com frequência.

Estruturas tão complexas como os olhos facetados dos insetos e os olhos de câmera fotográfica dos vertebrados são um feito notável da evolução. Todos eles têm uma lente para focalizar a luz, uma retina composta de células fotorreceptoras sensíveis à luz e uma camada pigmentada que absorve a luz dispersa, impedindo que ela interfira no sinal fotorreceptor. Apesar da grande diferença na anatomia do estágio final do olho, alguns dos mesmos fatores de transcrição especificam a formação dos olhos dos insetos e dos vertebrados.

Os olhos dos vertebrados desenvolvem-se a partir do tubo neural e do ectoderma da cabeça, sendo basicamente uma extensão do prosencéfalo, com uma contribuição do ectoderma sobreposto e das células migrantes da crista neural. O desenvolvimento do olho começa com a formação de uma protuberância na parede epitelial do prosencéfalo posterior, formando uma vesícula óptica que se estende até encontrar o ectoderma superficial. A vesícula óptica interage com o ectoderma, induzindo a formação do cristalino. Depois da indução do cristalino, a extremidade da vesícula óptica se invagina para formar uma estrutura em forma de xícara com duas camadas, cuja parede epitelial interna formará a retina neural, enquanto a camada externa desenvolverá o epitélio pigmentado retiniano. Em seguida, a região do cristalino se invagina e se separa do ectoderma superficial, formando uma pequena esfera oca do epitélio que se transformará no cristalino, e as células começam a fabricar as proteínas do cristalino. Essas células acabam perdendo sua estrutura interna, transformando-se em fibras totalmente transparentes constitutivas do cristalino. A córnea é um epitélio transparente que veda a frente do olho.

Um exemplo clássico de gene que conservou suas funções básicas é o *Pax6*, necessário para o desenvolvimento de estruturas sensíveis à luz em todos os animais com simetria bilateral, entre as quais os olhos facetados dos insetos e os olhos de câmera fotográfica dos vertebrados. Pessoas com mutações no *Pax6* apresentam diversas más-formações oculares, conhecidas coletivamente como aniridia. Surpreendentemente, ligar a expressão do *Pax6* em um disco imaginal de mosca provoca o desenvolvimento de olhos facetados típicos de mosca.

O corpo dos animais multicelulares contém um número enorme de tubos: vasos sanguíneos, túbulos renais e as vias aéreas ramificadas nos pulmões dos mamíferos. Muitos desses sistemas tubulares sofrem uma ampla ramificação durante o desenvolvimento. O desenvolvimento do sistema traqueal da mosca oferece um modelo excelente da morfogênese da ramificação e levou à identificação dos genes que controlam o processo, que também ocorre na morfogênese pulmonar dos vertebrados. O ar penetra no sistema traqueal da larva da mosca através de pequenas aberturas na parede corporal, e o oxigênio é distribuído para os tecidos por cerca de 10 mil tubos finos que se desenvolvem durante a embriogênese a partir de vinte aberturas, dez de cada lado. O ectoderma da abertura se invagina, formando um receptáculo oco com cerca de oitenta células, o qual dá origem, por meio de ramificações sucessivas, a centenas de ramos terminais finos. Estranhamente, a ampliação dos receptáculos para formar tubos ramificados não envolve nenhuma proliferação celular adicional, mas é alcançada por meio de migração celular dirigida, reorganização celular por intercalação e mudanças na forma da célula. À medida que o desenvolvimento prossegue, as ramificações fundem-se e formam uma rede de área corporal de tubos interconectados. Ao contrário da traqueia da mosca, o crescimento e a ramificação dos túbulos no pulmão dos vertebrados resultam da proliferação celular na extremidade do tubo em desenvolvimento, não da migração celular. Apesar disso, a germinação e o crescimento de túbulos a partir do tubo principal dependem, como na mosca, da interação do epitélio tubular com sinais vindos das células mesodérmicas adjacentes, muitas das quais são iguais às da mosca.

Não surpreende que o sistema vascular, incluindo os vasos sanguíneos e as células sanguíneas, esteja entre os primeiros sistemas orgânicos a se desenvolver nos embriões vertebrados, permitindo que o oxigênio e os nutrientes possam ser distribuídos para os tecidos que estão desenvolvendo-se rapidamente. O tipo de célula que define o sistema vascular é a célula endotelial, que cria o revestimento de todo o sistema cardiovascular, incluindo o coração, as veias e as artérias. Os vasos sanguíneos são formados pelas células endoteliais e depois envolvidos pelo tecido conectivo e por células musculares macias. As artérias e as veias são definidas pela direção do fluxo sanguíneo e também por diferenças funcionais e estruturais; as células são especificadas como arteriais ou venosas antes de formarem os vasos sanguíneos, embora possam trocar de identidade. Em seguida, os primeiros vasos são aperfeiçoados e se transformam num sistema ramificado que abrange o corpo todo, no qual os vasos se estendem e se ramificam para formar artérias, veias e extensas redes de capilares.

A diferenciação das células vasculares precisa do fator de crescimento VEGF (sigla em inglês de fator de crescimento endotelial vascular) e dos seus receptores; além disso, o VEGF estimula sua proliferação. A expressão do gene *Vegf* é induzida pela falta de oxigênio; portanto, um órgão ativo que consome oxigênio promove a própria vascularização. Novos capilares sanguíneos se formam brotando de vasos sanguíneos preexistentes e da proliferação celular na extremidade do broto. Células da extremidade ampliam processos similares aos filopódios, que orientam e ampliam o broto. Durante o desenvolvimento, os vasos sanguíneos deslocam-se ao longo de rotas específicas na direção dos seus alvos, enquanto à frente dos vasos os filopódios reagem tanto aos sinais de atração como de rejeição das outras células e da matriz extracelular. Como muitos tumores sólidos produzem VEGF e outros fatores de crescimento que estimulam o desenvolvimento vascular, eles favorecem o crescimento do tumor; portanto, bloquear a formação de novos vasos é um modo de reduzir esse crescimento.

O desenvolvimento do coração nos vertebrados envolve a especificação de um tubo mesodérmico que é padronizado ao longo de seu eixo longo, sendo um dos primeiros grandes órgãos a se formar no embrião. No início, ele é constituído de um tubo isolado composto de duas camadas epiteliais, uma das quais dá origem ao músculo do coração. Durante o desenvolvimento, ele se divide longitudinalmente em duas cavidades, atrial e ventricular. O desenvolvimento posterior do coração envolve a repetição assimétrica do tubo do coração e está relacionado à assimetria esquerda-direita do embrião. O coração com duas cavidades é a forma adulta básica nos peixes; contudo, nos vertebrados superiores como as aves e os mamíferos, a repetição e a divisão posterior dão origem ao coração com quatro cavidades. Nos humanos, cerca de uma em mil crianças nascidas vivas tem alguma má-formação congênita do coração, enquanto a má-formação *in utero* do coração que leva à morte do embrião ocorre entre 5% e 10% das gestações.

Flores

As flores contêm as células reprodutoras das plantas superiores e se desenvolvem a partir do meristema do broto. Na maioria das plantas, a transição de um meristema do broto que produz folhas para um meristema floral que produz uma flor está sujeita, em grande medida, ao controle ambiental, cujos fatores de determinação importantes são a duração do dia e a temperatura. As flores, com sua distribuição dos órgãos florais – sépalas, pétalas, estames e carpelos –, são estruturas muito complexas. Cada uma das partes individuais da flor se desenvolve a partir de um primórdio de órgão floral produzido pelo meristema floral. Ao contrário dos primórdios da folha, que são todos idênticos, cada um dos primórdios do órgão floral tem de receber uma identidade correta e tem de ser padronizado de acordo com ela. A flor *Arabidopsis* tem quatro espirais de estruturas concêntricas (Figura 25), que refletem a disposição dos primórdios do órgão floral no meristema. As sépalas (espiral 1) têm origem no anel externo do tecido meristemático, e as pétalas (espiral 2), em um anel de tecido que se encontra bem no começo de sua parte interna. Um anel de tecido interno dá origem aos estames (espiral 3), que são os órgãos reprodutores masculinos. O centro do meristema se transforma nos carpelos (espiral 4), que são os órgãos reprodutores femininos. Em um meristema floral de *Arabidopsis* existem dezesseis primórdios independentes, que dão origem a uma flor com quatro sépalas, quatro pétalas, seis estames e um pistilo composto de dois carpelos.

Os primórdios surgem em posições específicas no interior do meristema, onde assumem suas características específicas. Tal como os genes selecionadores homeóticos, que

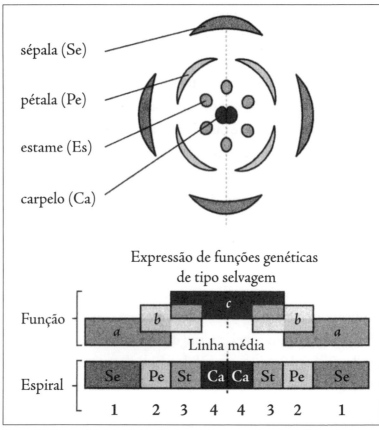

Figura 25. Desenvolvimento da flor. Os genes ativos na região *a* especificam sépalas; nas regiões *a* e *b*, em conjunto, especificam pétalas; nas regiões *b* e *c*, estames; e os na região *c* especificam carpelos.

especificam a identidade do segmento na mosca, as mutações nos genes de identidade floral produzem mutações homeóticas nas quais um tipo de elemento da flor é substituído por outro. Em um mutante de *Arabidopsis*, por exemplo, as sépalas são substituídas por carpelos, e as pétalas, por estames. Essas mutações identificaram os genes de identidade do órgão floral, permitindo que se determinasse seu modo de atuação. Essas formas mutantes podem ser explicadas por um modelo sofisticado no qual padrões sobrepostos de atividade genética especificam a identidade de um órgão floral de uma maneira que lembra muito a forma como os genes homeóticos especificam a identidade do segmento ao longo do corpo do inseto. No entanto, numa análise minuciosa, existem muitas diferenças que envolvem genes muito diferentes. Basicamente, os padrões de expressão dos genes homeóticos dividem o meristema floral em três regiões concêntricas sobrepostas – *a, b* e *c* –, que separam o meristema em regiões correspondentes às quatro espirais. Cada uma das regiões *a, b* e *c* corresponde à zona de atuação de uma classe de genes homeóticos; além disso, as combinações específicas das funções de *a, b* e *c* conferem a cada espiral uma identidade única e, portanto, especificam a identidade do órgão. Vários estudos comprovaram que as diversas camadas do meristema se comunicam durante o desenvolvimento da flor, e que os fatores de transcrição podem mover-se entre as células, o que não ocorre no desenvolvimento animal.

Capítulo 8
Sistema nervoso

O sistema nervoso é o mais complexo de todos os sistemas orgânicos do embrião animal. Nos mamíferos, por exemplo, bilhões de células nervosas (neurônios) desenvolvem um padrão de conexões extremamente organizado, gerando a rede neural que cria o cérebro funcional e o restante do sistema nervoso. Existe também um número equivalente de células de suporte do sistema nervoso (glia), como as células de Schwann, que isolam as células nervosas. Como vimos, durante a gastrulação o ectoderma da região dorsal do embrião vertebrado se torna especificado como a placa neural, e esta forma o tubo neural a partir do qual o cérebro se desenvolve, enquanto a medula espinal se forma numa região mais posterior. O tubo neural se desfaz das células da crista neural, que migram através do corpo para dar origem aos neurônios e a outros tipos de célula. O desenvolvimento do sistema nervoso tem de ocorrer numa relação adequada com outras estruturas corporais, como o esqueleto e o sistema muscular, cujo movimento ele controla.

A indução de tecido nervoso a partir do ectoderma foi demonstrada pela primeira vez por meio da experiência de transplante do organizador de Spemann em rãs. Uma parte de um embrião secundário desenvolve-se quando uma pequena região de um embrião precoce – o organizador de Spemann – é transplantada em outro embrião no mesmo estágio; desenvolve-se então um sistema nervoso a partir do ectoderma hospedeiro, que normalmente teria formado a epiderme ventral. Dedicou-se um enorme esforço nas décadas de 1930 e 1940 na tentativa de identificar os sinais presentes na indução neural em anfíbios. Uma descoberta decisiva foi a constatação de que a Noguina, inibidora da BMP (sigla em inglês de proteína de morfogênese óssea), a primeira proteína secretada que foi isolada do organizador de Spemann, podia induzir diferenciação neural em explantes ectodérmicos de embriões de rã. Os resultados sugeriram que a placa neural só poderia desenvolver-se se não houvesse sinalização de BMP. Essas observações levaram ao chamado "modelo-padrão" de indução neural na rã. Este sugeria que o estado-padrão do ectoderma dorsal é desenvolver-se como tecido neural, mas que esse caminho é bloqueado pela presença de BMP, que estimula seu desenvolvimento como epiderme. O papel do organizador de Spemann é suspender esse bloqueio produzindo proteínas que inibam a atividade da BMP. Mas a resposta do modelo-padrão não estava completa, já que o desenvolvimento neural – tanto da rã como do pinto – necessita também de outras proteínas, mesmo quando a inibição da BMP é suspensa pela presença da

Noguina. Portanto, a indução neural é um processo complexo com várias etapas. No entanto, é provável que exista uma semelhança fundamental no mecanismo de indução neural entre os vertebrados, já que o nódulo de Hensen extraído de um embrião de pinto pode induzir a expressão genética neural no ectoderma da rã, o que sugere que os sinais de indução foram conservados durante a evolução.

O sistema nervoso é padronizado inicialmente por sinais provenientes do mesoderma subjacente; partes do mesoderma anterior induzem uma cabeça com um cérebro, enquanto partes posteriores induzem um tronco com uma medula espinal. Diferenças qualitativas e quantitativas na sinalização feita pelo mesoderma podem ser responsáveis pela padronização neural anteroposterior. Diferenças quantitativas na sinalização de proteína estão presentes ao longo do eixo corporal, sendo que o nível mais alto encontra-se na extremidade posterior do embrião, o que confere ao tecido neural prospectivo uma identidade mais posterior. Seus genes são expressos ao longo da medula espinal, conferindo aos neurônios uma identidade posicional.

Existem muitas centenas de tipos de neurônio, que se diferenciam em termos de identidade e das conexões que eles estabelecem, embora muitos possam parecer bastante semelhantes (Figura 26). Os neurônios emitem longos processos a partir do corpo celular e precisam de orientação para encontrar seus alvos. Os neurônios emitem sinais elétricos (os impulsos nervosos) através de uma extensão (o axônio) que pode ser muito longa, a qual sinaliza para os músculos e para os outros neurônios. Os neurônios se conectam entre si e com outras células-alvo, como as células musculares, em entroncamentos especializados conhecidos como sinapses. O neurônio recebe estímulos [*inputs*] de outros neurônios através das suas extensões curtas extremamente ramificadas, e, se os sinais forem suficientemente fortes para ativar o neurônio, ele gera um novo sinal elétrico – um impulso nervoso ou potencial de ação – no corpo celular. Esse sinal elétrico é conduzido então ao longo do axônio até sua extremidade, ou terminação nervosa, que faz uma sinapse com outro neurônio ou com a superfície de uma célula muscular. Um único neurônio do sistema nervoso central pode receber até 100 mil *inputs* diferentes. Na sinapse, o sinal elétrico é transformado num sinal químico, na forma de um neurotransmissor químico como a acetilcolina, que é liberada da terminação nervosa e atua nos receptores da membrana da célula-alvo oposta, gerando ou suprimindo um novo sinal elétrico. O sistema nervoso só pode funcionar de maneira adequada se os neurônios estiverem conectados corretamente; portanto, uma questão central que envolve o desenvolvimento do sistema nervoso é como as conexões entre os neurônios se desenvolvem com a especificidade apropriada. Calcula-se, normalmente, que existam cerca de 100 bilhões de neurônios no cérebro humano. Não sabemos quantos têm identidades únicas ou semelhantes.

Apesar de toda a sua complexidade, o sistema nervoso é o resultado do mesmo tipo de processos celulares e de desenvolvimento que ocorre no desenvolvimento dos outros órgãos.

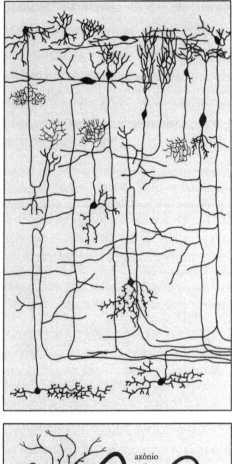

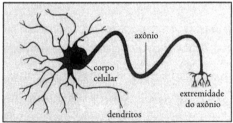

Figura 26. Existem muitas formas e tamanhos de neurônios. O cérebro contém um número muito maior de conexões neurais do que o apresentado aqui. O neurônio individual consiste num pequeno corpo celular arredondado que contém o núcleo e do qual se estende um único axônio e uma "árvore" de dendritos muito ramificados. Os sinais dos outros neurônios são recebidos nos dendritos.

O processo global de desenvolvimento do sistema nervoso pode ser dividido em quatro estágios importantes: a especificação da identidade da célula neural; o alongamento dos axônios na direção dos seus alvos; a criação de sinapses com células--alvo, que podem ser outros neurônios, células musculares ou glandulares; e o refinamento das conexões sinápticas por meio da eliminação das ramificações do axônio e da morte celular (Figura 27).

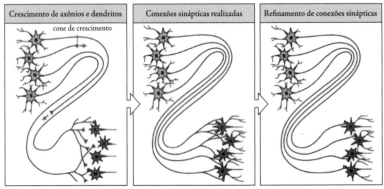

Figura 27. Os neurônios se conectam a seus alvos de maneira precisa. Os axônios se alongam e fazem inúmeros contatos, que depois são aperfeiçoados.

Os neurônios se formam na zona proliferativa do tubo neural dos vertebrados a partir de células-tronco neurais totipotentes, que dão origem a muitos tipos de neurônio, além da glia. Durante muitos anos se pensou que nenhum neurônio novo poderia ser gerado no cérebro dos mamíferos adultos, mas a produção de novos neurônios se mostrou um acontecimento normal; além disso, foram identificadas células-tronco neurais em mamíferos adultos que são capazes de gerar neurônios.

Os futuros neurônios motores estão localizados ventralmente, formando as raízes ventrais da medula espinal. Os neurônios do sistema nervoso sensorial desenvolvem-se a partir das células da crista neural. A organização dorsoventral da medula espinal é produzida por sinalizações da proteína Sonic hedgehog provenientes de regiões ventrais como a notocorda. A Sonic hedgehog forma um gradiente de atividade de ventral para dorsal no tubo neural, atuando como o sinal posicional de padronização ventral. Além de se organizarem ao longo do eixo dorsoventral, neurônios em diferentes posições ao longo do eixo anteroposterior da medula espinal se tornam especificados para atender a diferentes funções. Há cerca de quarenta anos, demonstrou-se de maneira radical a especificação anteroposterior da função neuronal na medula espinal, por meio de experiências em que uma parte da medula espinal que normalmente enervaria os músculos da asa foi transplantada do embrião de um pinto para a região que normalmente fornece as pernas de outro embrião. Os pintos que se desenvolveram a partir dos embriões transplantados ativaram espontaneamente ambas as pernas juntas, como se estivessem tentando bater as asas, em vez de ativar uma perna de cada vez, como se estivessem andando. Esses estudos mostraram que os neurônios motores gerados em um determinado nível anteroposterior da medula espinal possuíam propriedades intrínsecas típicas daquela posição. A medula espinal fica demarcada em diferentes regiões ao longo do eixo anteroposterior por meio de combinações dos genes *Hox* expressos. Um membro de vertebrado típico contém mais de cinquenta grupos de músculos, com os quais os neurônios precisam se conectar de acordo com um padrão preciso. Os neurônios individuais expressam combinações específicas de genes *Hox*, que determinam quais músculos eles vão enervar. Portanto, no todo, a expressão genética que resulta da posição dorsoventral, somada às que resultam da posição anteroposterior, confere uma identidade praticamente única a conjuntos de neurônios da medula espinal funcionalmente distintos.

O funcionamento do sistema nervoso depende da formação de circuitos neuronais em que os neurônios façam um grande número de conexões precisas. Um aspecto do desenvolvimento que é exclusivo do sistema nervoso é a projeção e a orientação dos axônios, longas extensões que partem do corpo da célula nervosa na direção de seus alvos finais. O evento inicial é a extensão, pela célula nervosa, de seu axônio, o que se deve ao cone de crescimento localizado na extremidade do axônio. O cone de crescimento é especializado tanto para o movimento como para a percepção de seu ambiente em relação a dicas de orientação. Ele pode estender e retrair ininterruptamente os filopódios que ficam na parte dianteira, fazendo e interrompendo conexões com o substrato subjacente para empurrar para a frente a extremidade do axônio. Desse modo, o cone de crescimento orienta o crescimento do axônio, além de ser influenciado pelos contatos que os filopódios fazem com outras células e com a superfície sobre a qual eles se movem. Em geral, o cone de crescimento se move na direção em que os seus filopódios fazem os contatos mais estáveis. No embrião do pinto, quando os axônios do neurônio motor penetram no broto embrionário em desenvolvimento, eles estão todos misturados num único feixe. No entanto, na base do broto embrionário, os axônios se separam. Mesmo quando os feixes de axônios forem introduzidos em ordem inversa, a relação correta entre os neurônios motores e os músculos terá sido alcançada. Apesar disso, muitos neurônios motores não fazem nenhuma conexão; como veremos, eles morrerão.

Uma tarefa complexa para o sistema nervoso em desenvolvimento é ligar os receptores sensoriais que recebem sinais do mundo exterior com seus alvos no cérebro, o que nos permite compreender esses sinais. Um traço característico do cérebro dos vertebrados é a presença de mapas topográficos, de tal maneira que os neurônios de uma região do sistema nervoso sensorial se projetam, de forma ordenada, para uma região específica do cérebro. A projeção extremamente organizada dos neurônios, saindo dos olhos, passando pelo nervo óptico e chegando ao cérebro, é um dos melhores modelos de que dispomos para mostrar como as projeções neurais topográficas são feitas. A retina humana possui cerca de 126 milhões de células fotorreceptoras individuais, e cada uma delas grava ininterruptamente uma porção minúscula do campo visual do olho; esses sinais têm de ser enviados ao cérebro de forma ordenada. As células fotorreceptoras ativam indiretamente os neurônios individuais, cujos feixes de axônios saem do olho na forma do nervo óptico; o nervo óptico de cada olho humano, que contém mais de 1 milhão de neurônios, mapeia, de forma extremamente ordenada, uma região específica do cérebro, o *tectum* (Figura 28). Isso ocorre por meio de uma correspondência extremamente ordenada entre uma posição na retina e uma no *tectum*. Cada neurônio da retina contém um marcador químico que lhe permite conectar, de forma segura, com uma célula do *tectum* marcada quimicamente de maneira apropriada. Acredita-se que as distribuições espaciais gradativas de um número relativamente pequeno de fatores nas células do *tectum* forneçam informação posicional, que pode ser detectada pelos axônios da retina. A expressão espacialmente ordenada de outro conjunto de fatores nos axônios da retina lhes forneceria sua própria informação posicional. Portanto, o desenvolvimento da projeção do olho para o *tectum* poderia, em princípio, resultar da interação entre esses dois gradientes. Em primeiro lugar, esse mapa é um bocado grosseiro, porque os axônios das células próximas da retina fazem contatos numa grande área do *tectum*. O ajuste fino do mapa é consequência da retirada dos terminais dos axônios da maioria dos contatos iniciais e exige atividade neural em razão da visão normal. Se o olho de uma rã sofre uma rotação de 180 graus, os axônios encontram o caminho de volta para o *tectum*, e, então, para aquele olho, o mundo da rã está virado de cabeça para baixo.

A morte neuronal é muito comum durante o desenvolvimento do sistema nervoso dos vertebrados; uma quantidade enorme de neurônios é produzida inicialmente, mas só sobrevivem os que realizam conexões adequadas. Cerca de 20 mil neurônios motores são criados no segmento da medula espinal que produz conexões para os músculos das pernas dos pintos, mas quase metade deles morre logo depois de ser criada. Para sobreviver, o neurônio motor tem de estabelecer contatos com uma célula muscular. Uma vez estabelecido o contato, o neurônio consegue ativar o músculo; na sequência, ocorre a morte de parte dos outros neurônios motores que estão aproximando-se da célula muscular e que não conseguem entrar em contato com ela. Mesmo depois que as conexões neuromusculares foram feitas, algumas são eliminadas posteriormente. Nos estágios iniciais do desenvolvimento, fibras musculares individuais são contatadas por axônios de diversos neurônios motores diferentes. Com o tempo, a maioria dessas conexões é eliminada, até que cada fibra muscular esteja enervada pelos terminais dos axônios de um único neurônio motor. Isso se deve à competição entre as sinapses, com o *input* mais poderoso para a célula-alvo desestabilizando os *inputs* menos poderosos para o mesmo alvo.

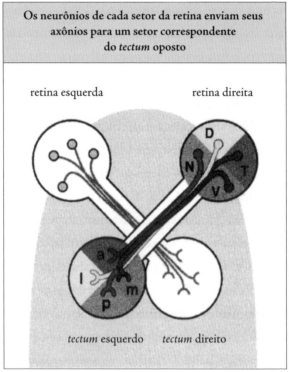

Figura 28. Conexões neurais entre a retina e o *tectum* da rã. Por exemplo, *p* no *tectum* esquerdo se conecta com *N* na retina direita.

Capítulo 9
Crescimento, câncer e envelhecimento

O desenvolvimento não para com o término da fase embrionária. A maior parte do crescimento dos animais e das plantas – mas não todo o crescimento, longe disso – ocorre no período pós-embrionário, quando a forma e o padrão básicos do organismo já foram estabelecidos. A padronização básica é feita numa escala pequena, em dimensões inferiores a 1 milímetro. Nos animais, a maior parte do crescimento continua depois do nascimento. Em alguns vertebrados, como os mamíferos, ocorre um crescimento considerável durante o final do período embrionário, enquanto o embrião ainda depende dos recursos maternos. O crescimento é um aspecto fundamental dos sistemas de desenvolvimento, determinando o tamanho e a forma finais do organismo e de suas partes. O crescimento das diferentes partes do corpo não é uniforme; órgãos diferentes crescem em ritmos diferentes. Depois de nove semanas de desenvolvimento embrionário, a cabeça do embrião humano corresponde a mais de um terço de seu comprimento, ao passo que no momento do nascimento ela corresponde apenas a cerca de um quarto. Após o nascimento, o restante do corpo cresce muito mais que a cabeça, que corresponde somente a um oitavo do comprimento do corpo do adulto. Nos mamíferos, incluindo os humanos, a nutrição inadequada do embrião não tem apenas consequências diretas no crescimento do embrião e do feto, mas também pode ter consequências sérias na vida adulta – aumenta o risco de desenvolver doenças cardíacas coronarianas, derrame cerebral ou diabetes tipo 2.

A causa do crescimento pode ser o aumento da proliferação celular, a expansão celular sem divisão ou o acréscimo de material extracelular, como a matriz óssea secretada pelas células. Parte do crescimento ocorre através de uma combinação da proliferação celular com a expansão celular. As células do cristalino do olho, por exemplo, são produzidas pela divisão celular, ao passo que sua diferenciação envolve uma expansão considerável. O programa de crescimento – ou seja, quanto um organismo ou um órgão individual cresce e reage a fatores como hormônios – pode ser especificado no estágio inicial de desenvolvimento. Como foi mencionado anteriormente, ao contrário da situação dos animais em que o embrião é, basicamente, uma versão em miniatura da larva ou do adulto independente, o embrião da planta tem pouca semelhança com a planta madura. O crescimento da planta é alcançado por meio da divisão celular em meristemas e primórdios dos órgãos, seguida pela expansão celular irreversível, que é a responsável pela maior parte do aumento de tamanho.

O hormônio do crescimento é essencial para o crescimento das pessoas e de outros mamíferos depois do nascimento.

Durante o primeiro ano de vida, a glândula pituitária começa a secretar o hormônio do crescimento. Uma criança com hormônio do crescimento insuficiente cresce menos que o normal; porém, se ela passa a receber regularmente esse hormônio, o crescimento normal é restaurado. Nesse caso, ocorre um fenômeno de recuperação, com uma resposta inicial rápida que tende a devolver a curva de crescimento para sua trajetória original. Durante o primeiro ano de vida, o crescimento em altura ocorre a um ritmo de 2 centímetros por mês. Em seguida, o ritmo de crescimento diminui de forma acentuada até a puberdade, quando começa o estirão de crescimento típico da adolescência, que inclui o amadurecimento sexual por volta dos 11 anos, para as meninas, e dos 13, para os meninos. Nos pigmeus, o amadurecimento sexual na puberdade não é acompanhado por esse estirão de crescimento adolescente; daí sua pequena estatura característica. Ainda desconhecemos a base celular desse fenômeno.

As células e os neurônios musculares do esqueleto e do coração dos mamíferos não se dividem depois de diferenciados, embora aumentem de tamanho. Os neurônios crescem por meio do alongamento e do crescimento dos axônios e dos prolongamentos menores, enquanto o crescimento muscular provoca um aumento de massa, além da fusão de células-satélite com fibras musculares preexistentes, produzindo núcleos suplementares que sustentarão o aumento de tamanho. O aumento de comprimento da fibra muscular depende do crescimento dos ossos longos, que tensionam o músculo por meio dos tendões musculares. Percebe-se, assim, como o crescimento do osso e do músculo é coordenado mecanicamente.

Foi descoberto um grande número de proteínas sinalizadoras extracelulares capazes de estimular ou inibir a proliferação celular. Algumas células precisam receber sinais, como os fatores de crescimento, não apenas para se dividir mas também para sobreviver. Na ausência de todos os fatores de crescimento, essas células cometem suicídio por apoptose, que resulta da ativação de um programa interno de morte celular. Como existe um volume significativo de morte celular em todos os tecidos em desenvolvimento, a taxa de crescimento global depende das taxas de morte celular e de proliferação celular.

Como o tamanho dos órgãos dos vertebrados pode ser determinado tanto por programas internos de desenvolvimento como por fatores extracelulares que estimulam ou inibem o crescimento, a importância relativa desses dois mecanismos nos diferentes órgãos varia bastante. O fígado, por exemplo, tem uma excelente capacidade de regeneração, tanto no embrião como no adulto, mas o pâncreas não. Se uma parte das células precursoras do fígado do embrião é destruída, o fígado embrionário cresce novamente e volta ao tamanho normal, indicando que ele não se origina de um número fixo de células progenitoras. O fígado secreta alguns fatores que estimulam a proliferação celular e outros que inibem potencialmente o crescimento. Quando o fígado atinge determinado tamanho, a concentração de fatores inibidores na circulação é suficiente para impedir que o crescimento prossiga – um exemplo de *feedback* negativo que determina o tamanho de um órgão. Por outro lado, se algumas células progenitoras do pâncreas de um embrião de camundongo são destruídas quando o "broto" pancreático já está formado, o pâncreas que se desenvolve é menor que o normal. Portanto, parece que o tamanho do pâncreas embrionário está, em grande medida, sob controle interno. Outro órgão cujo crescimento é controlado internamente é a glândula timo. Se várias glândulas timos fetais são transplantadas para um embrião de camundongo em desenvolvimento, cada uma delas cresce até atingir seu tamanho máximo. Um exemplo clássico de programa de crescimento interno é o transplante de botões embrionários entre espécies grandes e pequenas de salamandra. (Figura 29). Transplantado para a espécie menor, o botão embrionário da espécie maior inicialmente cresce devagar, mas acaba atingindo seu tamanho normal, que é muito maior que qualquer membro da hospedeira.

Figura 29. O tamanho dos membros da salamandra é geneticamente programado. Um botão embrionário de uma espécie grande de salamandra transplantado para o embrião de uma espécie menor cresce muito mais que os membros da hospedeira.

Cada um dos elementos cartilaginosos do membro embrionário tem seu próprio programa de crescimento. Na asa embrionária do pinto, os elementos cartilaginosos que representam os ossos longos – o úmero e a ulna – têm inicialmente o mesmo tamanho dos elementos do carpo. No entanto, com o crescimento, o úmero e a ulna aumentam muito mais vezes de comprimento do que os ossos do carpo antes do início da formação dos ossos. Esses programas de crescimento são especificados quando os elementos são padronizados inicialmente, afetando tanto a multiplicação celular como a secreção da matriz.

Um aspecto importante do crescimento pós-embrionário dos vertebrados é o crescimento dos ossos longos dos membros, como o úmero, o rádio e a ulna. Os ossos longos são assentados inicialmente como elementos cartilaginosos, possuindo duas regiões internas perto de cada extremidade – as placas de crescimento –, nas quais ocorre o crescimento; esse crescimento torna o membro umas cem vezes mais longo. Nas placas de crescimento, as células cartilaginosas são organizadas em colunas, podendo-se identificar várias zonas. No lugar próximo da extremidade do osso fica uma zona estreita que contém as células-tronco. Ao lado fica uma zona de proliferação da divisão celular, seguida por uma zona de maturação na qual as células de cartilagem aumentam de tamanho. Finalmente, existe uma zona na qual as células de cartilagem morrem e são substituídas pelo osso. As divisões celulares e a expansão celular são responsáveis pelo alongamento do osso, enquanto a placa de crescimento permanece do mesmo tamanho. Ossos diferentes crescem a velocidades diferentes, o que pode ser um reflexo do tamanho da zona de proliferação, da velocidade da proliferação e do grau de expansão celular na placa de crescimento. O hormônio do crescimento pode estimular o crescimento ósseo ativando as placas de crescimento.

O crescimento do osso cessa quando a placa de crescimento ossifica, o que ocorre em ocasiões diferentes, dependendo do osso. O momento em que o crescimento é interrompido na placa de crescimento parece ser inerente à própria placa, em vez de resultar de influência hormonal. A interrupção do crescimento pode dever-se ao fato de as células-tronco de cartilagem disporem apenas de um potencial limitado de divisão. Em vista da complexidade da placa de crescimento, é extraordinário que nossos braços, em lados opostos do corpo, consigam crescer durante cerca de quinze anos independentes um do outro, e, ainda assim, atinjam um grau de compatibilidade de cerca de 0,2%. Não se sabe, porém, como essa precisão é alcançada.

O disco imaginal da asa da mosca mostrou-se um sistema--modelo interessante para estudar como o tamanho do órgão deve ser determinado. Quando da sua formação, o disco da asa é composto inicialmente de cerca de quarenta células e normalmente cresce dentro da larva até atingir cerca de 50 mil células. A divisão celular ocorre em todo o disco e cessa de maneira uniforme quando o tamanho correto é alcançado. O tamanho final da asa não depende de que o disco imaginal passe por um número fixo de divisões celulares ou que atinja um número específico de células. Em vez disso, parece que o tamanho final é controlado por um mecanismo que monitora o tamanho global do disco da asa em desenvolvimento e ajusta a divisão celular e o tamanho da célula de acordo com isso. Experiências mostram que não existe restrição quanto à porção da asa que uma determinada célula consegue produzir; as descendentes de uma única célula podem contribuir com uma porção que vai de 1 décimo à metade da asa. A competição entre as células ocorre durante o crescimento da asa normal, e o tamanho final da asa é alcançado por meio de um equilíbrio entre a divisão celular e a apoptose.

Há indícios de que o tamanho final dos discos imaginais da mosca e, portanto, dos seus órgãos adultos, talvez seja determinado por um gradiente molecular ao longo do disco que poderia ser formado como resultado de uma padronização anterior. A ideia básica é que, quando o disco é pequeno, o gradiente é acentuado, e a inclinação do gradiente de alguma forma favorece o crescimento. À medida que o órgão cresce, o gradiente diminui, o crescimento declina e finalmente para.

Os seres humanos nascem com um número determinado de células adiposas, sendo que as mulheres têm uma quantidade maior que os homens. O número de células adiposas aumenta no final da infância e início da puberdade; depois, ele normalmente se mantém mais ou menos constante, sendo que o aumento em seu número pode levar à obesidade. Embora grande parte da obesidade em crianças e adultos se deva ao excesso de comida e à falta de exercício, a experiência nutricional no início do desenvolvimento e a herança genética também podem contribuir. A obesidade está associada a um grande número de doenças da vida adulta, incluindo diabetes tipo 2 e doenças cardíacas. A obesidade indica tanto um número maior de células adiposas como um depósito excessivo de gordura nessas células, o que aumenta seu tamanho. Uma vez que se desenvolvem no corpo, as células adiposas permanecem ali a vida toda e raramente morrem. Pessoas obesas com células adiposas suplementares podem diminuir o tamanho das células e perder peso por meio de dietas e exercícios, mas as células em si não desaparecem e ficam mais que dispostas a recomeçar a acumular excesso de gordura.

Animais que passam por um estágio larvar não apenas aumentam de tamanho mas também sofrem metamorfose, na qual a larva assume a forma adulta. A metamorfose implica muitas vezes uma mudança radical de forma e no desenvolvimento de novos órgãos. Quando alcança um estágio específico, a larva de inseto para de crescer e sai da muda, mas passa por uma metamorfose radical quando assume a forma adulta. A metamorfose ocorre em muitos grupos de animais. Tanto nos insetos como nos anfíbios, estímulos ambientais como nutrição, temperatura e luminosidade – além do programa de desenvolvimento interno do animal – controlam a metamorfose por meio da influência que eles exercem sobre as células produtoras de hormônio do cérebro. O hormônio ecdisona estimula a metamorfose da larva de mosca. A expressão de, no mínimo, centenas de genes é alterada durante a metamorfose da mosca.

Câncer

O câncer é uma disfunção importante do crescimento celular normal que é provocada por determinadas mutações das células corporais. A criação e a manutenção da organização dos tecidos exigem controles rígidos da divisão, da diferenciação e do crescimento celular. No câncer, as células escapam desses controles normais e enveredam por um caminho de crescimento e migração descontrolados que pode matar o organismo. Normalmente ocorre o avanço gradativo de um crescimento benigno localizado para uma virulência maligna em que as células sofrem metástase e migram para várias partes do corpo, onde continuam crescendo. O câncer origina-se de uma única célula anormal que desenvolveu diversas mutações. O percurso de uma célula mutante até se tornar uma célula produtora de tumores é um processo evolutivo que envolve tanto as novas mutações como a seleção das células mais aptas a proliferar. As células com maior probabilidade de dar origem ao câncer são as que estão passando por divisões sucessivas, como as células-tronco. Por estarem duplicando seu DNA várias vezes, elas têm uma probabilidade maior de acumular mutações decorrentes de erros na duplicação do DNA que as outras células. Percebe-se, em quase todos os cânceres, que as células cancerígenas apresentam uma mutação em um gene ou mais, normalmente em muitos genes. Foram identificados em seres humanos e em outros mamíferos genes específicos cujas mutações podem contribuir para a geração do câncer. Existem também os genes supressores de tumor, nos quais é preciso que ocorra a inativação ou a deleção de ambas as cópias do gene para que a célula se torne cancerígena.

Quando se reproduz, a célula de um animal passa por uma sequência fixa de estágios chamada ciclo celular. A célula aumenta de tamanho, o DNA se reproduz e os cromossomos reproduzidos são separados por meio de um processo conhecido como mitose; a célula então se divide e produz duas células-filhas. Depois de iniciar o ciclo celular, a célula continua até completá-lo sem precisar de nenhuma sinalização externa. As transições para as fases consecutivas são marcadas por postos de controle nos quais a célula monitora o progresso para assegurar, por exemplo, que se atingiu o tamanho adequado, que a reprodução do DNA foi concluída e que qualquer dano ao DNA foi reparado. Se esses critérios não são atendidos, a passagem para o estágio seguinte é postergada até a conclusão de todos os processos indispensáveis. Se a célula sofre um dano que não pode ser reparado, o ciclo celular é interrompido e a célula geralmente sofre apoptose. O produto do gene supressor de tumor *p53* está envolvido nesse processo de controle.

O gene supressor de tumor *p53* tem um papel fundamental na prevenção do desenvolvimento de diversos cânceres, e cerca de metade de todos os tumores humanos contém uma forma mutante do *p53*. Quando as células são expostas aos agentes que danificam o DNA, o *p53* é ativado e interrompe o ciclo celular, dando tempo para que a célula repare o DNA.

Portanto, a proteína *p53* impede que a célula reproduza DNA defeituoso e dê origem a células mutantes. Se o defeito é grave demais para ser reparado, o *p53* provoca a morte da célula por apoptose. Como as formas mutantes de *p53* encontradas em muitos cânceres não estimulam a apoptose, as células afetadas têm uma probabilidade maior de acumular mutações.

A principal característica do câncer é a incapacidade das células tumorais de se diferenciarem corretamente. A maioria dos cânceres – mais de 85% – ocorre em células-tronco de folhas de células, como o revestimento do intestino e nos pulmões, onde as células são renovadas ininterruptamente por meio da divisão e da diferenciação das células-tronco. Normalmente, as células produzidas por células-tronco continuam dividindo-se por certo tempo até passarem pela diferenciação, quando param de se dividir. Por outro lado, as células cancerígenas continuam dividindo-se, embora não necessariamente com maior rapidez, e geralmente não conseguem se diferenciar. Outra característica das células cancerígenas, ao contrário das células em desenvolvimento, é que quando elas se dividem são geneticamente instáveis, o que as torna mais malignas; o ganho ou a perda de cromossomos é comum nos tumores sólidos. A incapacidade das células cancerígenas de se diferenciar também é constatada claramente em alguns cânceres dos leucócitos. Vários tipos de leucemia são provocados pelo fato de as células continuarem proliferando em vez de se diferenciarem.

A maioria das mortes relacionadas ao câncer resulta de tumores que se espalharam de seu lugar de origem para outros tecidos, um processo conhecido como metástase. Fundamental para a metástase é a capacidade que as células tumorais têm de mudar, deixando uma posição estática na folha de células e se transformando em células migrantes. Se as células migrantes entram na corrente sanguínea, elas podem ser transportadas para muito longe de seu lugar de origem. Os tumores também podem atrair vasos sanguíneos, o que lhes facilita o crescimento.

Envelhecimento

A maioria dos organismos não é imortal, mesmo se escaparem de doenças ou acidentes, porque junto com o envelhecimento vem uma deterioração crescente das funções fisiológicas, que reduz a capacidade do corpo de lidar com inúmeras pressões, além de um aumento da vulnerabilidade a doenças, que podem levar à morte. Embora possa variar, de um indivíduo para o outro, o momento em que os aspectos específicos do envelhecimento se manifestam, pode-se resumir o efeito geral como o aumento da probabilidade de morrer da maioria dos animais. Contudo, não há muitas provas de que o envelhecimento contribua para a mortalidade na vida selvagem; por exemplo: mais de 90% dos camundongos selvagens morrem durante o primeiro ano de vida, muitos anos antes de serem afetados pelo envelhecimento. No entanto, os elefantes podem morrer idosos, quando suas presas estão gastas.

O envelhecimento não faz parte do programa de desenvolvimento do organismo. Em vez disso, o envelhecimento é o resultado de uma acumulação de danos nas células ao longo do tempo, que acaba superando a capacidade de reparação do corpo, levando, assim, à perda das funções essenciais. É o resultado, basicamente, do gasto pelo uso. Apesar disso, é fundamental que as células germinativas não envelheçam, pois isso impediria a reprodução. Existem evidências claras de que o envelhecimento é controlado geneticamente, já que a velocidade de envelhecimento dos animais varia muito, como seus diferentes ciclos de vida demonstram. O elefante, por exemplo, nasce após 21 meses de desenvolvimento embrionário, e nessa altura mostra poucos – ou nenhum – sinais de envelhecimento, ao passo que um camundongo de 21 meses de idade já está em plena meia-idade e começa a apresentar esses sinais. O controle genético do envelhecimento pode ser compreendido em termos da teoria do "soma descartável". Essa teoria põe o envelhecimento no contexto da evolução, sugerindo que a seleção natural adapta a história de vida do organismo para que sejam investidos recursos suficientes na manutenção dos mecanismos de reparo das células que impedem o envelhecimento, pelo menos até que o organismo tenha se reproduzido e cuidado dos seus descendentes. Então o organismo se torna descartável, já que a evolução só se preocupa com a reprodução. As células dispõem de vários mecanismos para retardar o envelhecimento, que são muito parecidos com os mecanismos usados para impedir a transformação maligna. Esses mecanismos celulares protegem a célula de danos internos por meio de substâncias químicas reativas e da reparação rotineira de danos ao DNA; eles ocorrem ininterruptamente nas células vivas, mesmo quando elas não estão se dividindo ativamente.

Os organismos-modelo animais têm sido inestimáveis para investigar o que determina o envelhecimento e o tempo de vida, como o verme nematoide e a mosca-da-fruta, que têm tempos de vida curtos, e o camundongo. Até mesmo organismos unicelulares como a bactéria e a levedura envelhecem; quando a célula progenitora se divide, ela produz uma célula-filha menor e basicamente mais jovem. Pesquisas recentes e importantes de genética molecular identificaram um caminho bioquímico evolutivamente conservado no qual um caminho de fator de crescimento insulínico tem um papel fundamental, além de regular o tempo de vida do nematoide, da mosca-da-fruta, dos roedores e, provavelmente, dos seres humanos. A redução da atividade desse caminho parece aumentar o tempo de vida e realçar a resistência a pressões ambientais. A variação genética no interior do gene *FOXO3A* – os genes às vezes têm nomes muito estranhos – pode reduzir a atividade do caminho citado e está fortemente associada à longevidade humana.

Foi Leonard Hayflick que descobriu, em 1965, que existe um limite para o número de vezes que algumas células podem dividir-se em cultura, ao demonstrar que células corporais humanas normais, como os fibroblastos, se dividem cerca de 52 vezes numa cultura celular, mas que o número é menor quando elas são extraídas de indivíduos mais velhos. Quando se trata de células germinativas, células cancerígenas ou células-tronco embrionárias, esse limite não existe. A explicação para a diminuição da divisão celular de células corporais em cultura como resultado da idade parece estar relacionada ao fato de que os telômeros – regiões não codificadas nas extremidades do cromossomo – ficam cada vez mais curtos à medida que as células se dividem. Se o telômero fica curto demais, a célula não consegue mais se dividir. O encurtamento deve-se à ausência da enzima telomerase, que faz o telômero recuperar seu comprimento normal depois de cada divisão. Essa enzima normalmente é expressa somente nas células cujo envelhecimento tem de ser evitado, como as células germinativas do testículo e do ovário, além de algumas células-tronco adultas, como as que substituem as células da pele do intestino. Todas as células cancerígenas contêm telomerase.

Capítulo 10
Regeneração

Regeneração é a capacidade que o organismo plenamente desenvolvido tem de substituir tecidos, órgãos e apêndices. Alguns anfíbios, como as salamandras, demonstram uma capacidade de regeneração admirável, sendo capazes de regenerar inteiramente novas caudas e novos membros, além de alguns tecidos internos. Alguns insetos e artrópodes conseguem regenerar apêndices perdidos, como as pernas. Outro exemplo impressionante de regeneração em vertebrados é o peixe-zebra, que consegue regenerar o coração depois de ter removida parte do ventrículo. A capacidade regenerativa dos mamíferos é muito mais limitada. O fígado dos mamíferos pode voltar a crescer se parte dele for removida, e os ossos fraturados são reparados por meio de um processo regenerativo. O organismo simples hidra, que vive na água, e as planárias (platelmintos: vermes de corpo achatado) têm uma grande capacidade de regeneração.

O que é mecanismo de regeneração, e por que alguns animais têm a capacidade de regeneração e outros não? Se compreendermos a regeneração, poderemos avançar no desenvolvimento de técnicas medicinais de reparação de tecidos, como o coração e a medula espinal dos mamíferos. Descobriu-se a diferença entre dois tipos de regeneração. Na epimorfose, a regeneração implica o crescimento de uma estrutura nova e corretamente padronizada, como um membro. Na morfalaxia, quase não existe divisão e crescimento celular novos, e a regeneração da estrutura ocorre principalmente pela repadronização do tecido existente; a regeneração da hidra é um bom exemplo disso. Na epimorfose, os novos valores posicionais estão ligados ao crescimento a partir da superfície cortada, enquanto na morfalaxia se estabelece primeiro uma nova região limítrofe no corte, depois os novos valores posicionais são especificados em relação a ela.

A amputação do membro de uma salamandra é seguida por uma rápida migração de células epidérmicas das bordas do ferimento para formar uma cobertura sobre a superfície do ferimento. Em seguida, uma massa de células chamada blastema forma-se debaixo da capa epidérmica, e é isso que dá origem ao membro regenerado. O blastema é formado a partir de células localizadas embaixo da epiderme ferida que perdem sua natureza diferenciada e começam a se dividir, formando finalmente um cone alongado. Enquanto o membro leva semanas se regenerando, as células do blastema diferenciam-se em cartilagem, músculo e tecido conectivo. As células do blastema têm origem local, nos tecidos mesenquimais do coto, perto do local da amputação.

As células que se diferenciam em cartilagem e músculo no novo membro regenerado conservam o padrão habitual ou se diferenciam em outro tipo de célula completamente diferente? Por exemplo: as células do músculo esquelético desdiferenciadas do coto conseguem se rediferenciar como cartilagem? Experiências recentes com um membro regenerado mostraram que as células do blastema não voltaram a um estado totipotente, embora tenham conservado um potencial de desenvolvimento limitado relacionado a sua origem. O destino de tipos particulares de tecido num membro regenerado foi traçado por meio da produção de animais que expressavam proteína fluorescente verde em todas as suas células. Um pedaço de tecido desses animais foi transplantado nos membros anteriores de um animal incolor. O membro foi então amputado transversalmente ao local do transplante, e o destino das células verdes brilhantes transplantadas pôde então ser traçado à medida que o membro se regenerava. As células conservaram sua identidade. O exemplo clássico de células que se diferenciam em um tipo bem diferente de célula ocorre na regeneração do cristalino do olho da salamandra adulta. Quando o cristalino é completamente removido por meio de cirurgia, um novo cristalino se regenera a partir do epitélio pigmentado da íris.

O crescimento do blastema depende de seu suprimento nervoso. Nos membros de anfíbios cujos nervos foram cortados antes da amputação, o blasfema se forma, mas não consegue crescer. Embora não tenham nenhuma influência na natureza ou no padrão da estrutura regenerada, os nervos mostraram-se capazes de produzir um fator de crescimento essencial. Um exemplo impressionante da influência dos nervos na regeneração de membros de anfíbios é que, se um nervo periférico importante, como o nervo ciático, é cortado e a seção inserida em uma ferida ou em um membro na superfície do flanco adjacente, um membro sobressalente se desenvolve naquele lugar. Um fenômeno interessante, ainda hoje sem explicação, é que, se os membros de um embrião de salamandra são enervados bem no início de seu desenvolvimento, e, portanto, não são expostos à influência dos nervos, eles conseguem regenerar-se na ausência completa de qualquer suprimento nervoso.

A regeneração sempre ocorre no sentido distal à superfície cortada. Se a mão é amputada na altura do pulso, só os carpos e os dedos são regenerados, ao passo que, se o membro é amputado no meio do úmero, tudo a distal do corte é regenerado. Portanto, o valor posicional ao longo do eixo próximo-distal é extremamente importante, sendo mantido, ao menos parcialmente, no blastema. O blastema tem um potencial de desenvolvimento bastante independente. Se é transplantado para um lugar neutro que permita o crescimento, ele dá origem a uma estrutura regenerada adequada à posição da qual foi retirado.

A capacidade que a célula tem de reconhecer uma descontinuidade de valores posicionais é ilustrada por meio do transplante de um blastema distal em um coto proximal. Nessa experiência, o coto do membro anterior e o blastema têm valores posicionais diferentes, que correspondem, respectivamente, ao ombro e ao punho. O resultado é um membro normal no qual as estruturas entre o ombro e o pulso foram geradas pelo crescimento entre as duas regiões, predominantemente a partir do coto proximal.

Uma questão fundamental em qualquer discussão sobre formação de padrão é a base molecular da informação posicional sugerida. A identificação da proteína de superfície da célula Prod1 representou um avanço importante. Essa proteína é expressa de forma hierarquizada ao longo do eixo próximo-distal – do ombro para a mão – do membro da salamandra. A posição próximo-distal do blastema pode tornar--se mais proximal por meio de tratamento com ácido retinoico, que aumenta a concentração de Prod1. O resultado da exposição de um membro regenerado amputado no punho ao ácido retinoico faz que os valores posicionais do blastema se tornem proximais devido ao aumento de Prod1; o membro se regenera como se tivesse sido amputado originalmente em um lugar muito mais proximal, e quase um membro inteiro cresce no punho (Figura 30).

As pernas de alguns insetos, como a barata e o grilo, podem regenerar-se. A regeneração das pernas dos insetos segue um processo epimórfico de formação e crescimento de blastema. Portanto, parece que a intercalação de valores posicionais é uma característica comum dos sistemas de regeneração epimórfica. Quando células com valores posicionais diferentes são colocadas uma ao lado da outra, ocorre o crescimento intercalado, cujo objetivo é regenerar os valores posicionais ausentes. Um exemplo particularmente claro de intercalação é a regeneração do membro da barata. A perna da barata é composta de vários segmentos, distribuídos ao longo do eixo próximo-distal na seguinte ordem: coxa, fêmur, tíbia e tarso. Cada segmento parece conter um conjunto similar de valores posicionais e vai intercalar os valores posicionais ausentes.

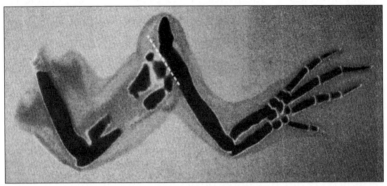

Figura 30. O membro foi amputado na altura da mão (linha pontilhada) e tratado com ácido retinoico durante a regeneração, o que fez que a superfície cortada passasse a ter um valor posicional mais proximal; desse modo, as estruturas correspondentes a um corte na extremidade proximal do úmero se regeneram.

O sistema nervoso periférico é um sistema mamífero com grande capacidade de regeneração nos adultos, envolvendo a retomada de crescimento dos axônios, mas não a substituição das próprias células por meio da divisão celular. Os axônios dos neurônios periféricos dos vertebrados adultos – como os axônios motores e sensoriais que se estendem entre a medula espinal e as extremidades dos membros – podem alcançar centenas de centímetros de comprimento. Quando um desses axônios é cortado, forma-se um novo cone de crescimento na superfície cortada, que cresce para baixo na direção do tronco nervoso original para constituir conexões funcionais, levando a uma restauração quase completa da função. Por outro lado, o sistema nervoso central das aves e dos mamíferos adultos não consegue se regenerar.

A hidra é um animal simples de água doce composto de um corpo tubular oco de cerca de 5 centímetros de comprimento, dividido em região da cabeça e região basal, por meio da qual se gruda nas superfícies. A cabeça consiste numa pequena região cônica onde fica a boca, rodeada por um conjunto de tentáculos que são utilizados para capturar os pequenos animais com os quais a hidra se alimenta. A hidra tem apenas duas camadas germinativas: um epitélio externo, que corresponde ao ectoderma; e um epitélio interno, que reveste a cavidade intestinal e que corresponde ao endoderma. A razão para observar a padronização e a regeneração da hidra é que ela oferece uma visão da região organizadora e dos gradientes de desenvolvimento que surgiram no início da evolução do desenvolvimento animal. É provável que os padrões corporais mais complexos dos outros animais tenham evoluído de um simples plano corporal como o da hidra. Parece que os genes identificados como importantes no desenvolvimento embrionário dos vertebrados estão presentes na regeneração da hidra.

Bem alimentadas, as hidras vivem num estado dinâmico de contínuo crescimento e formação de padrão, além de se reproduzirem de forma assexuada por gemulação. Nos tempos difíceis, porém, a hidra é capaz de se reproduzir sexualmente. A gemulação ocorre perto do segundo terço do caminho descendente do corpo; a parede corporal se invagina por meio de uma mudança morfogenética na forma da célula, criando uma nova coluna que desenvolve uma cabeça na extremidade e que depois se separa como uma nova hidra pequena.

Se a coluna corporal de uma hidra for cortada duas vezes no sentido transversal, gerando três segmentos, o segmento inferior regenera uma cabeça e o superior, uma pata. Portanto, a estrutura que as células regeneram em uma superfície cortada depende da posição relativa delas dentro do segmento regenerado. Quanto ao segmento do meio, a superfície cortada mais próxima da extremidade original com a cabeça forma uma cabeça – o que mostra que a hidra tem uma polaridade geral bem definida. A regeneração na hidra não necessita de divisão celular e de um novo crescimento, sendo, portanto, um exemplo de regeneração morfalática. Quando um pequeno fragmento da coluna se regenera, inicialmente ele não aumenta de tamanho, e o animal regenerado será uma pequena hidra. Só depois de alimentado é que o animal volta ao tamanho normal.

No início do século XX, descobriu-se que o transplante de um pequeno fragmento da região da cabeça de uma hidra na região corporal de outra hidra induzia uma nova cabeça, com tentáculos e um eixo corporal (Figura 31). Do mesmo modo, o transplante de um fragmento da região basal induzia uma nova coluna corporal com um disco basal na extremidade. Portanto, a hidra tem duas regiões organizadoras – uma em cada extremidade – que conferem ao animal sua polaridade geral. A região da cabeça e o disco basal agem como regiões

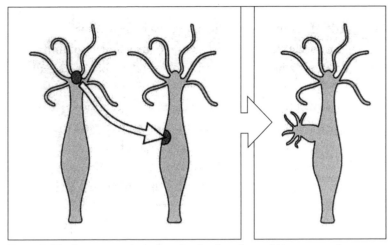

Figura 31. Um fragmento retirado da região da cabeça de uma hidra e enxertado no corpo de outro animal pode provocar o surgimento de uma nova cabeça.

organizadoras, a exemplo do organizador de Spemann nos anfíbios e das regiões polarizadoras nos botões embrionários dos vertebrados. A função organizadora da região da cabeça deve-se a pelo menos dois sinais produzidos por ela, que agem de maneira gradual no sentido descendente da coluna corporal: um sinal inibe a formação da cabeça, e o outro especifica um gradiente de valores posicionais, o qual determina o nível necessário para inibir a formação da cabeça.

Desde que o nível de inibidor seja maior que o limiar estabelecido pelo valor posicional, a regeneração da cabeça é inibida. A remoção da cabeça resulta da queda de concentração do inibidor, e, quando este cai abaixo da concentração limiar, o valor posicional aumenta até o valor da extremidade da cabeça. Portanto, quando a região da cabeça é removida, a primeira etapa importante nessa regeneração morfalática é a especificação de uma nova região da cabeça na superfície cortada. Quando o valor posicional aumenta até o valor da região da cabeça normal, as células começam a produzir inibidor, evitando, assim, a formação da cabeça em outras regiões do corpo.

Capítulo 11
Evolução

O desenvolvimento é um processo fundamental na evolução dos organismos multicelulares. A evolução das formas de vida multicelulares, todos os animais e todas as plantas, é o resultado de mudanças no desenvolvimento do embrião, e estas, por sua vez, se devem inteiramente a mudanças nos genes que controlam o comportamento celular no embrião e no adulto. Tanto as mudanças na regulação da expressão genética no tempo e no espaço como as mutações nas proteínas que geram novas funções proteicas desempenharam um papel fundamental na evolução. Também é verdade, como disse certa vez o biólogo evolucionista Theodosius Dobzhansky, que nada faz sentido na biologia se não for encarado à luz da evolução. Não há dúvida de que seria muito difícil compreender muitos aspectos do desenvolvimento sem uma perspectiva evolucionista. Mudanças no desenvolvimento baseadas na genética que criaram formas adultas mais bem-sucedidas, mais bem-adaptadas a seu ambiente e, portanto, capazes de se reproduzir melhor, foram selecionadas durante a evolução.

{167}

Acredita-se que os animais multicelulares descendam de um antepassado comum multicelular, o qual, por sua vez, evoluiu de um organismo unicelular. Charles Darwin foi o primeiro a perceber que a evolução resulta de mudanças em formas de vida hereditárias e da seleção daquelas mais bem--adaptadas a seu ambiente. Os "tentilhões de Darwin" são um excelente exemplo do papel evolutivo do desenvolvimento e das mudanças na expressão genética. Charles Darwin visitou as Ilhas Galápagos em 1835, onde coletou um grupo de tentilhões, identificando, à época, treze espécies intimamente relacionadas. O que ele achou particularmente surpreendente foi a variação dos bicos das aves. Os formatos dos bicos refletiam as diferenças das dietas das aves e do modo como elas obtinham seu alimento. Já se comprovou que as espécies com bicos mais largos e mais profundos em relação ao comprimento expressam níveis mais elevados da proteína de morfogênese óssea (BMP4) na zona de crescimento em comparação com espécies com bicos longos e pontudos.

Se dois grupos de animais com estrutura e hábitos muito diferentes na idade adulta – como os peixes e os mamíferos – passam por um estágio embrionário muito parecido, isso poderia indicar que eles descendem de um antepassado comum e que estão intimamente relacionados em termos evolutivos. Todos os embriões dos vertebrados passam por um estágio no qual eles são mais ou menos parecidos entre si (Figura 32). Portanto, o desenvolvimento do embrião reflete a história evolutiva dos seus antepassados. A divisão do corpo

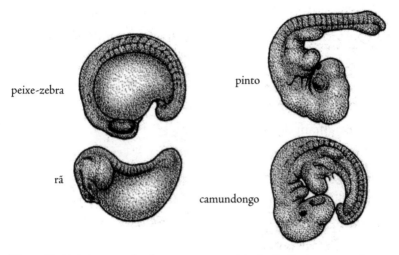

Figura 32. Embriões vertebrados no mesmo estágio (*tailbud*) têm características semelhantes.

em segmentos, que depois se diferenciam um do outro em termos de estrutura e função, é uma característica comum da evolução tanto dos vertebrados como dos artrópodes (insetos e crustáceos): um exemplo disso é o desenvolvimento dos somitos. Outro exemplo entre os vertebrados são as estruturas segmentadas e os arcos e fendas branquiais presentes em todos os embriões de vertebrados, inclusive nos humanos, e que se localizam em ambos os lados da parte posterior da cabeça. Essas estruturas não são os restos das guelras e das fendas branquiais de um antepassado adulto com forma de peixe, mas representam estruturas que teriam estado presentes no embrião do antepassado com forma de peixe de vertebrados, como precursoras do desenvolvimento de fendas e guelras. Durante a evolução, os arcos branquiais deram origem tanto às guelras dos peixes primitivos sem mandíbula como, numa modificação posterior, aos elementos da guelra e da mandíbula dos peixes que evoluíram posteriormente (Figura 33). Com o tempo, os arcos se modificaram mais, dando origem, nos mamíferos, a diversas estruturas do rosto e do pescoço; nossas mandíbulas se originam desses arcos.

A evolução raramente – ou nunca – cria uma estrutura completamente nova do nada. As novas características anatômicas surgem da modificação de uma estrutura já existente. Portanto, grande parte da evolução pode ser considerada uma "oficina improvisada", em que estão contidas as estruturas existentes, que molda gradativamente algo diferente. Isso é possível porque muitas estruturas são modulares, isto é, os animais têm partes anatomicamente diferentes que podem evoluir de maneira independente. As vértebras, por exemplo, são módulos e podem evoluir de modo independente umas das outras; e o mesmo acontece com os membros, como vimos. Um belo exemplo de transformação de uma estrutura existente em algo muito diferente é a evolução do ouvido médio dos mamíferos, que é composto de três ossos – martelo, bigorna e estribo – que transmitem o som do tímpano para o ouvido interno. Nos antepassados reptilianos dos mamíferos, a articulação entre o crânio e a mandíbula inferior ficava entre o osso quadrado do crânio e o osso articular da mandíbula inferior, que também estavam envolvidos na transmissão do som através do estribo. A mandíbula inferior dos vertebrados era composta originalmente de vários ossos. Porém, durante a evolução dos

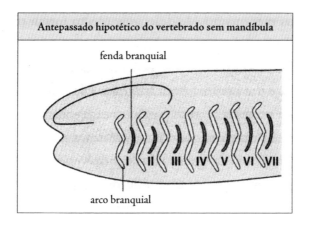

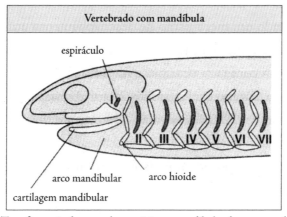

Figura 33. Transformação dos arcos branquiais em mandíbulas durante a evolução.

mamíferos, um desses ossos – o dentário – aumentou de tamanho e passou a abarcar toda a mandíbula inferior; os outros ossos, o quadrado e o articular, não estavam mais unidos a ele. Com as mudanças em seu desenvolvimento, o articular e o quadrado nos mamíferos transformaram-se em dois ossos, o martelo e a bigorna, respectivamente, cuja função passou a ser a transmissão do som proveniente da membrana do ouvido externo.

Muitos mecanismos de desenvolvimento foram conservados no nível celular e molecular entre organismos com uma relação distante entre si. O uso generalizado dos complexos de genes *Hox* e das mesmas poucas famílias de moléculas sinalizadoras de proteína oferece exemplos excelentes disso. Foram essas semelhanças básicas dos mecanismos moleculares que tornaram o estudo da biologia do desenvolvimento tão estimulante nos últimos anos; seu significado foi que as descobertas dos genes de um animal tiveram consequências importantes na compreensão do desenvolvimento de outros animais. Parece que, quando um mecanismo de desenvolvimento útil evoluiu, ele foi conservado e transferido para organismos muito diferentes, bem como em ocasiões e lugares diferentes do mesmo organismo. As moléculas sinalizadoras já estavam presentes em animais multicelulares como a hidra, que surgiu no início da evolução animal.

O maior grupo de animais é o grupo dos bilatérios, que inclui os vertebrados e os artrópodes, como os insetos e os crustáceos. Todos eles apresentam simetria bilateral ao longo do eixo corporal principal em pelo menos alguns dos estágios de desenvolvimento e têm o padrão característico da expressão do gene *Hox*. Embora a origem do antepassado dos animais seja um problema espinhoso, vamos sugerir um mecanismo possível. O último antepassado comum dos bilatérios já deve ter sido uma criatura bastante complexa, que dispunha da maioria das vias de desenvolvimento genético utilizadas pelos animais então existentes. Especula-se que o antepassado viveu há cerca de 600 milhões de anos, e que ele teria tido espermatozoides flagelados, desenvolvimento por meio de um processo de gastrulação, várias camadas germinativas, sistemas neuromuscular e sensorial e eixos corporais definidos. Hoje existe um animal marinho independente muito simples e primitivo, o *Trichoplax*, que pode estar próximo da origem. Ele é composto de apenas duas camadas de células, que formam um disco chato sem intestino, possui apenas quatro tipos de célula e se reproduz por cissiparidade. No entanto, na linha dos genomas e dos outros animais, calcula-se que o *Trichoplax* tenha 11.500 genes codificadores de proteína, que codificam uma grande variedade de fatores de transcrição e de proteínas sinalizadoras, alguns dos quais são semelhantes aos dos vertebrados.

A duplicação e a divergência genética têm sido um importante mecanismo geral de mudança evolutiva. A duplicação de um gene, que pode ocorrer por meio de diversos mecanismos durante a replicação do DNA, fornece ao embrião uma cópia adicional do gene. Essa cópia suplementar pode divergir tanto em sua sequência de codificação como em suas regiões reguladoras, modificando, assim, seu padrão de expressão e seus alvos proteicos a jusante sem privar o organismo da função do gene original. O processo de duplicação genética foi fundamental na evolução de novas proteínas e de novos padrões de expressão genética; é evidente, por exemplo, que as diversas hemoglobinas dos seres humanos surgiram como resultado da duplicação genética. Os complexos do gene *Hox* oferecem um dos exemplos mais claros da importância da duplicação genética na evolução do desenvolvimento. Os genes *Hox* também evoluíram por meio da duplicação de um único gene ancestral. Os complexos de gene *Hox* mais simples estão presentes nos invertebrados, abrangendo um número pequeno de genes sequencialmente contidos em um único cromossomo. Os vertebrados geralmente têm quatro conjuntos de genes *Hox*, contidos em quatro cromossomos diferentes, sugerindo dois ciclos de duplicação em larga escala de um complexo ancestral do gene *Hox*, em linha com a teoria amplamente aceita de que ocorreram duplicações em larga escala do genoma durante a evolução dos vertebrados. A vantagem da duplicação era que o embrião tinha mais genes *Hox* para controlar os alvos a jusante, e, portanto, podia elaborar um corpo mais complexo. O número de vértebras numa região específica varia muito entre os diferentes vertebrados: os mamíferos, com raras exceções, têm sete vértebras cervicais, enquanto as aves podem ter entre treze e quinze. Como surge essa diferença? Uma comparação entre o camundongo e o pinto mostra que as esferas de ação da expressão do gene *Hox* se alteraram paralelamente à mudança do número de vértebras das diversas regiões. As cobras têm centenas de vértebras semelhantes na coluna vertebral. Os genes expressos na região torácica dos vertebrados quadrúpedes são expressos ao longo da maior parte do corpo do embrião da serpente píton. Acredita-se que a expansão dessas esferas de ação da expressão do *Hox* é que está na origem da expansão das vértebras nervosas e da perda dos membros durante a evolução da cobra.

Os apêndices dos artrópodes são exemplos perfeitos da evolução dos genes *Hox* na especificação regional. Os fósseis de inseto apresentam diversos padrões quanto à posição e ao número de seus pares de apêndices – principalmente as pernas e as asas. Alguns fósseis de inseto têm pernas em cada segmento, ao passo que outros só têm pernas numa região torácica definida. Isso é uma indicação de que o potencial de desenvolvimento de apêndice está presente em cada segmento, mesmo na mosca, sendo eficazmente reprimido no abdome da mosca pelos genes *Hox*. Parece provável, portanto, que o artrópode ancestral a partir do qual os insetos evoluíram tinha apêndices em todos os seus segmentos. Os genes *Hox* também podem determinar a natureza de um apêndice; ademais, vimos como as mutações podem transformar as pernas em estruturas semelhantes a antenas e uma antena numa perna.

Os anfíbios, os répteis, as aves e os mamíferos têm membros, enquanto os peixes têm nadadeiras. Os membros dos primeiros vertebrados terrestres evoluíram a partir das nadadeiras peitorais dos seus ancestrais, mas é muito menos claro como as nadadeiras evoluíram. Apesar disso, o desenvolvimento desses apêndices fez uso de moléculas sinalizadoras como a Sonic hedgehog de fatores de transcrição como as proteínas *Hox*, que já estavam sendo utilizados para padronizar o corpo. O registro fóssil sugere que a transição de nadadeiras para membros ocorreu no Período Devoniano, entre 400 e 360 milhões de anos atrás, quando os ancestrais dos peixes que viviam em águas rasas se mudaram para terra firme. Os elementos do esqueleto proximal da nadadeira ancestral provavelmente estão relacionados ao úmero, ao rádio e à ulna do membro; além disso, uma análise recente do fóssil de um *Panderichthys* mostrou que a região distal de sua nadadeira peitoral contém elementos esqueléticos independentes, e, portanto, os dedos talvez não sejam uma inovação evolutiva.

Para obter informações sobre a transição de nadadeira para membro, os pesquisadores voltaram-se para um peixe moderno, o peixe-zebra, no qual o desenvolvimento da nadadeira pode ser acompanhado detalhadamente e os genes envolvidos podem ser identificados. Os botões de nadadeira do embrião do peixe-zebra são semelhantes, inicialmente, aos botões embrionários dos vertebrados; mas logo surgem diferenças importantes durante o desenvolvimento. Tal como no botão embrionário dos vertebrados, o gene fundamental *Sonic hedgehog* é expresso na margem posterior das nadadeiras do peixe-zebra, e o padrão de expressão dos genes *Hoxd* e *Hoxa* é semelhante ao dos vertebrados. A diferença fundamental entre o desenvolvimento da nadadeira e do membro encontra-se nos elementos esqueléticos distais; no botão de nadadeira do peixe-zebra, uma dobra de nadadeira se desenvolve na extremidade distal do broto, e ossículos delicados, não dedos, ganham forma dentro dela.

O grande conjunto de especializações anatômicas que evoluiu nos membros dos mamíferos se deve a mudanças tanto na padronização dos membros como no crescimento diferencial de partes deles durante o desenvolvimento embrionário, embora o padrão básico subjacente dos elementos esqueléticos tenha se mantido. Esse é um exemplo excelente da modularidade dos elementos esqueléticos. Se compararmos o membro anterior do morcego com o do cavalo, perceberemos que, embora ambos conservem o padrão básico dos ossos dos membros, cada um deles foi modificado para atender a uma função especializada. O membro do morcego está adaptado para voar, e os dedos são bem compridos para suportar uma asa membranosa. Uma vez que estruturas independentes como os ossos podem crescer em velocidades diferentes, a forma global de um organismo pode transformar-se substancialmente durante a evolução por meio de mudanças hereditárias durante o período de crescimento, o que também provoca o aumento do tamanho global do organismo. No cavalo, por exemplo, o dedo do meio do ancestral do cavalo cresceu mais rápido que os dedos laterais, por isso ele acabou ficando mais comprido que os dedos laterais. Como os cavalos continuaram aumentando seu tamanho global durante a evolução, essa discrepância de ritmos de crescimento fez que os dedos laterais relativamente menores não conseguissem mais tocar o solo porque o dedo do meio era muito mais comprido. Num estágio posterior da evolução, os dedos laterais, que tinham se tornado supérfluos, diminuíram ainda mais de tamanho.

Muitos animais desenvolveram formas larvais, que apresentam uma vantagem quando se trata de dispersão e de alimentação, e passam, então, por uma mudança radical de forma – a metamorfose – para alcançar o estado adulto. Embora a essência do desenvolvimento seja a mudança gradual, na metamorfose não existe continuidade gradual entre a larva e o adulto. No entanto, a metamorfose faz mais sentido do ponto de vista evolutivo se partirmos do princípio de que todas as formas larvais evoluíram por meio da inserção do estágio larvar no programa de desenvolvimento preexistente de um animal de um animal com desenvolvimento direto. Em muitos invertebrados, a larva inicialmente se parece com o estágio final da gástrula, que poderia ter dado origem à forma larvar capaz de nadar livremente. A metamorfose traz a larva de volta ao programa de desenvolvimento original.

A evolução também pode adaptar as mesmas proteínas para objetivos muito diferentes. O cristalino do olho do polvo e da lula, e também dos vertebrados, é composto de células cheias de proteínas cristalinas, que dão transparência ao cristalino. Inicialmente se pensou que as cristalinas fossem exclusivas do cristalino e que teriam evoluído para atender a essa função especial; porém, pesquisas mais recentes indicam que elas são proteínas cooptadas, que não são estruturalmente especializadas para a função de cristalino, e que em outros contextos atuam como enzimas. Esses exemplos comprovam que existe uma relação entre evolução e desenvolvimento, a transformação gradual de uma estrutura numa forma diferente. Em muitos casos, porém, não compreendemos como formas intermediárias foram adaptativas e deram uma vantagem seletiva ao animal. Pensem, por exemplo, nas formas intermediárias durante a transição do primeiro arco branquial para mandíbula; qual era a vantagem adaptativa? As asas dos insetos evoluíram a partir de estruturas utilizadas para extrair oxigênio da água; qual era, então, sua vantagem inicial quando os insetos deixaram a água? Não sabemos, e, devido à passagem do tempo e ao nosso atual desconhecimento da ecologia dos organismos antigos, talvez nunca venhamos a saber.

Embora animais multicelulares identificáveis tivessem evoluído há cerca de 600 milhões de anos, ainda não se sabe como eles o fizeram a partir de um ancestral unicelular. O que precisou ser inventado para que ocorresse a transição entre as células isoladas e a multicelularidade? Como vimos, os principais requisitos para o desenvolvimento embrionário são um padrão de atividade genética, de diferenciação celular, de motilidade celular e de coesão. Levando em conta os organismos multicelulares contemporâneos, que têm um núcleo e uma mitocôndria, o organismo unicelular ancestral dos animais teria possuído todas essas características de forma rudimentar, e teria sido preciso inventar pouca coisa nova.

Uma possibilidade, altamente especulativa, é que as mutações resultaram num organismo unicelular que não se separou depois da divisão celular, dando origem a uma colônia indefinida de células idênticas que se fragmentaram ocasionalmente e geraram novos "indivíduos". Uma das vantagens iniciais da colônia pode ter sido que, quando havia pouca oferta de alimento, as células podiam alimentar-se umas das outras, permitindo que a colônia sobrevivesse. Essa pode ter sido a origem da multicelularidade, e o óvulo pode ter se transformado posteriormente na célula alimentada pelas outras células; nas esponjas contemporâneas, por exemplo, o óvulo ingere as células próximas. Quando evoluiu, a multicelularidade explorou todo tipo de possibilidade, como a especialização celular para funções diferentes. Havia também a vantagem de que todas as células de um embrião tinham os mesmos genes, tornando possível a cooperação e a sinalização. Embora também não se saiba como a gastrulação evoluiu, é plausível imaginar um cenário em que uma esfera celular oca, o ancestral comum de todos os animais multicelulares, mudou de forma para facilitar a alimentação. Esse ancestral pode ter se instalado no leito do oceano e ingerido partículas de comida por fagocitose, por exemplo. O desenvolvimento de uma pequena invaginação na parede corporal pode ter estimulado a alimentação por meio da formação de um intestino rudimentar. O movimento dos cílios pode ter arrastado, de maneira mais eficaz, partículas de alimento para essa região, onde elas podiam ser absorvidas pelas células. Uma vez criada a invaginação, não é difícil imaginar como ela acabaria expandindo-se por toda a esfera, fundindo com o outro lado e criando um intestino contínuo, que viria a ser o endoderma. Em um estágio posterior da evolução, as células que migravam na parte interna, entre o intestino e o epitélio externo, dariam origem ao mesoderma. A gastrulação é um bom exemplo de mudanças no desenvolvimento durante a evolução. Embora exista uma grande semelhança no processo de gastrulação de diversos animais, também há diferenças significativas. Mas ainda não se sabe como elas evoluíram nem qual teria sido a natureza adaptativa das formas intermediárias.

Podemos avaliar, finalmente, a evolução de nossa compreensão da biologia do desenvolvimento. O progresso tem sido considerável. Porém, devido à complexidade das células, com a interação de todas as suas proteínas e de outras moléculas, ainda temos muito que aprender. É provável que, daqui a cinquenta anos, conhecendo os genes e a estrutura de um óvulo fertilizado, será possível calcular de maneira confiável os detalhes do desenvolvimento daquele organismo e como ele será na idade adulta.

Glossário

apoptose ou morte celular programada, um tipo de morte celular que ocorre bastante durante o desenvolvimento. Na morte celular programada, a célula é induzida a cometer suicídio

célula-tronco, célula que conserva a capacidade de se transformar em mais de um tipo diferenciado de célula. As células-tronco se dividem várias vezes, e uma das células-filhas continua sendo uma célula-tronco, enquanto as outras dão origem a um tipo diferenciado de célula

ciclo celular, sequência de eventos por meio dos quais a célula se duplica e se divide em duas

clivagem, série de divisões celulares rápidas sem crescimento que divide o embrião em diversas células pequenas depois da fertilização

epiblasto, grupo de células do embrião do camundongo e do pinto que dá origem ao embrião propriamente dito

fatores de transcrição, proteínas reguladoras necessárias para iniciar ou regular a transcrição de um gene em RNA. Os fatores de transcrição atuam dentro do núcleo da célula por meio da ligação a regiões reguladoras específicas do DNA

formação de padrão, processo por meio do qual as células de um embrião em desenvolvimento adquirem identidades que levam a um padrão espacial bem definido

gastrulação, processo no embrião animal no qual células prospectivas do endoderma e do mesoderma se movem da superfície externa para a parte interna do embrião, onde dão origem aos órgãos internos

gene, região do DNA dos cromossomos que codifica uma proteína

genes *Hox*, codificam fatores de transcrição envolvidos na padronização

***imprinting*,** processo por meio do qual diversos genes são inativados durante a formação das células germinativas (óvulo e espermatozoide)

indução, processo por meio do qual um grupo de células sinaliza para outro grupo de células, afetando, assim, o modo como elas vão se desenvolver

informação posicional, valor posicional que as células adquirem durante a formação de padrão. Depois, as células interpretam esse valor posicional segundo sua constituição genética e seu histórico de desenvolvimento e se desenvolvem de acordo com eles

meristemas, grupos de células indiferenciadas em processo de divisão que continuam existindo nas extremidades crescentes das plantas. Elas dão origem a todas as estruturas adultas – brotos, folhas, flores e raízes

metamorfose, processo por meio do qual a larva se transforma em adulto. Envolve frequentemente uma mudança radical de forma e o desenvolvimento de novos órgãos, como as asas, na borboleta, e os membros, na rã

morfogênese, processo presente na realização de mudanças na forma do embrião em desenvolvimento

morfógeno, qualquer substância ativa na formação do padrão cuja concentração espacial varia e à qual as células reagem de maneira diferente em diferentes limiares de concentração

neurulação, processo em vertebrados no qual o ectoderma do cérebro e da medula espinal futuros – a placa neural – desenvolve dobras que se juntam para formar o tubo neural

pluripotência, células-tronco, como as células-tronco embrionárias, que podem dar origem a todos os tipos de célula do corpo

regulação, capacidade do embrião de se desenvolver normalmente, mesmo quando partes suas são removidas ou reorganizadas

totipotência, capacidade da célula de se transformar em um novo organismo

Leitura complementar

Slack, J. M. *Essential Developmental Biology*. 2. ed. Hoboken, NJ: Wiley-Blackwell, 2006.

Wolpert, L. e Tickle, C. *Principles of Development*. 4. ed. Oxford: Oxford University Press, 2010.

ÍNDICE REMISSIVO

A
adesão 61-5, 66, 74
aminoácidos 21-4
anemia falciforme 98
anfíbios 13, 64-5, 69-70, 157-61, 164-5 ver também rãs
animais 13-42, 52-5
animais multicelulares, 167-8, 172, 179-880
animais transgênicos 41-2
câncer 150-3
células 64-5, 68-9, 75-7, 79-80, 88-9, 101-2, 150-2
crescimento 141-9
envelhecimento 153-6
evolução 167-79
morfogênese 61-2, 69
órgãos 109-24
sexo 75-7, 79-80, 88-9, 101-2
sistema nervoso 129-37
tubos 121-2

animais transgênicos 42
anormalidades 15, 80-2, 87, 103-4, 150
apoptose (morte da célula) 50-2, 101, 144, 148, 151-2
Arabidopsis thaliana (planta da família das Brassicaceae) 15, 55-9, 125-6
artrópodes 157, 169-70, 172-3, 175 ver também insetos
asas 45, 56, 111-9, 135, 146-8, 175, 177, 179
auxina 58, 60
aves 31-2, 70, 79, 82, 124, 162-3, 168, 174 ver também pintos
axônio 131-4, 136-9, 143, 162-3

B
bandeira francesa 109
baratas 161-2
Bicoid 45-6, 48
bilatérios 172-3

blástula 17, 19-20, 32, 35, 65, 68, 71
borboleta 118-9

C

caderinas 63
Caenorhabditis elegans 15-6, 50-1
camundongo 15-6, 32-4, 39, 41-2, 72, 77, 82-3, 87-8, 99, 104-8, 110-1, 114, 145, 153-5, 174-5
células germinativas e sexo 77, 82-3, 87-8
crescimento 144-5
diferenciação celular e células-tronco 103-8
envelhecimento 153-5
evolução 173-5
morfogênese 72
órgãos 110-1
câncer 81, 84, 101, 150-3, 155-6
cartilagem 19, 31, 40, 72, 74, 92, 111-2, 114, 117-8, 146-7, 158-9
cavalo 177-8
célula de Schwann 129
células 11-33
    adesividade 61-5
    apoptose (morte da célula) 50-2, 101, 144, 148, 151-2
    câncer 150-3
    células adiposas 105, 148-9
    células apicais 56, 58-9, 71, 74, 115-6

células de Schwann 129
células germinativas 12, 42, 44, 51-2, 75-89, 95, 104, 154-6
células-tronco 15, 33, 42, 55, 58-60, 80, 91-101, 104-8, 134, 146-7, 150, 152, 155-6
ciclos 151
clivagem 17, 32-3, 44, 52-3, 65-7, 83-4, 103
colônias 180
contração 61-2
crescimento 142-8
diferenciação 91-112, 117, 123-4, 143-4, 150-3, 179-80
drosófila 43-9
envelhecimento 153-6
evolução 172-5, 178-81
fertilização *in vitro* 83
genes 21-29, 92-6
indução 13, 72, 108, 120-1, 129-31
invertebrados 43-60
morfogênese 61-73
nematoides 15-7, 26, 49-53, 77, 88, 94-5, 101, 155
órgãos 109-12, 118, 124
plantas 54-60
proteínas 21-29, 54-60, 93-7
regeneração 15, 157-62
sexo 75-88
sinais 19-20, 26-8, 54, 91-7, 101, 107-8, 111, 114, 122, 137, 144, 151

{190}

sistema nervoso 129-32, 140
sistema vascular 122-4
terapia de reposição 105-7
vertebrados 31-42
células adiposas 105, 148-9
células apicais 56, 58-9, 71, 74, 115-6
células do blastema 158-62
células endoteliais 123
células germinativas 12, 42, 44, 51-2, 75-89, 95, 103-4, 153-6
células germinativas diploides 77-80
células-tronco 15, 33, 42, 55, 58-60, 80, 91-100, 104-8
centro de Nieuwkoop 35
cérebro 14-5, 18-9, 31, 36-8, 72-4, 105-7, 129, 131-4, 137-8, 149
citoplasma 44, 50, 54, 63, 77, 81-2, 102
clivagem 17, 32-4, 44, 52-3, 65-7, 83-4, 102-3
clonagem 101-4
cobra 175
contração localizada 62-4
coração 14, 31, 39, 123-4, 143, 157-8
crescimento
    células 24, 98-105
células germinativas e sexo 79-81
envelhecimento 153-6
evolução 168-9, 177-8
morfogênese 74
órgãos 115-7, 121-4

plantas 55, 58-9
regeneração 157-64
sistema nervoso 136-8
cromossomos 21, 40-1, 49, 55, 76-8, 81-2, 85-9, 151-2, 155-6, 174

D

Darwin, Charles 168
deficiência genética hereditária 83-4
diabetes 107-8, 142, 149
diagnóstico de pré-implantação 83-4
diferenciação de células 91-114, 117, 122-4, 142-4, 150-3, 179-80
dilatação direta 74
DNA 12, 21-7, 42, 83-4, 91, 94-5, 102, 150-4, 173-4
Dobzhansky, Theodosius 167
doença 83-4, 96-8, 104-7, 141-2, 148-9, 153
doença cardíaca coronariana 142, 149
doença de Parkinson 108
Driesch, Hans 12, 14, 33
drosófila (mosca-da-fruta) 15-6, 43-9, 119, 155
duplicação e divergência 173-4

E

ectoderma 17-9, 32-7, 66-8, 70, 72-4, 111-2, 118, 120-2, 129-31, 163
eixos anteroposteriores 31, 34-7, 39-41, 44-49, 52, 69-71, 110-3, 131, 135-6

eixos dorsoventrais 31, 34-5, 39, 44-6, 53, 110-2, 117-8, 135-6
elefante 153-4
embrião, ideias antigas sobre o 11-2
embriogênese 16, 56-8, 62, 122
endoderma 17, 19, 32, 36-7, 66-72, 163, 181
endosperma 89
envelhecimento 75, 79, 153-6
epiblasto 32, 35-7, 70-2
epiderme 17, 38, 48-9, 98-9, 130-1, 158
epigenética 95
epimorfose 158
epitélio 65, 72-4, 99, 102-3, 105, 118, 120-2, 124, 159, 163, 181
espermatozoide 12, 17, 23, 35, 44, 52, 75-85, 88, 173
esqueleto 17, 40, 61-2, 63, 99-100, 111, 129, 143, 176
ética 84, 104, 107-8
evolução 14, 23, 43, 120, 131, 150, 154-5, 163, 167-81
extensão convergente 69-72

F

fatores de transcrição 22-3, 29, 45, 54, 58-9, 91, 94-5, 97, 102, 105, 108, 120, 127, 173, 176
fertilização 11-9
    células 23-6, 94-5, 104-5

células germinativas e sexo 75-85, 88-9
invertebrados 43-4, 52-3
plantas 54-5
vertebrados 32-5
fertilização *in vitro* 82-3
fibrose cística 83
fígado 31, 39, 79, 144-5, 157
filopódios 63, 68-9, 123-4, 136-7
filotaxia 59
flores 54-6, 58-60, 76-7, 88, 124-7
folhas 54-60, 98-9, 124-5
formação da cabeça 164-6
fotossíntese 56

G

gametas 78, 88
gastrulação 17-20
    células germinativas e sexo 77
    evolução 172-3, 180-1
    invertebrados 45-6, 49-50
    morfogênese 61, 66-72
    sistema nervoso 129
    vertebrados 32-8
gema 17, 32, 35, 66, 70, 79
gêmeos 13, 27, 33, 107
gêmeos idênticos 13, 27, 33
gene *hunchback* 45-6, 48
gene *Pax6* 121
genes 12-5, 38-55
    células 21-9, 92-6

defeitos genéticos hereditários 83-4
envelhecimento 153-4
epigenética 95
evolução 167, 172-6
expressão 78-96, 109-10, 167
fatores de transcrição 21-3
gene *hunchback* 45-6, 48
genes *Hox* 40-1, 47-9, 52-4, 118-9, 135-6, 172-7
imprinting (marcado) 76, 80
metamorfose 149
mutações 15, 23-4, 41-2, 53
myoD 93
número de genes envolvidos no desenvolvimento 26
órgãos 109-10, 120-1
plantas 125-7
proteínas 11-5, 21-8, 45-8, 53, 55, 91-4, 101-2, 173-5
regeneração 162-3
sexo 75, 79-89, 102-3
silenciamento 41-2
sistema nervoso 130-1, 134-6
supressores de tumores 150-1
genes *Hox* 40-1, 47-9, 52-4, 118-9, 135-6, 172-7
genitais 85-7
girino 17, 19, 38, 103
glândula timo 145
glia 129, 134
gônadas 77-9

H
Hayflick, Leonard 155
hematopoiese ou formação do sangue 96-7
hemoglobina 24, 92, 97-8, 174
hidra 76, 157-8, 163-5, 172
hipocótilo 57
hormônios 45, 85-7, 142-3, 147, 149-50

I
indução 13, 72, 108, 120-1, 129-31
informação ou valor posicional 40, 45, 50, 109-10, 112-3, 116, 135, 138, 160-2, 165-6
inibidor de Noguina 130
insetos 41, 44-5, 110, 120-1, 127, 149-50, 157, 161-2, 169, 172-3, 175, 179 *ver também* moscas
insulina 80, 107, 155
intercalação 69-70, 122, 161-2
intestino, evolução do 172-3, 180-1
invertebrados 43-60, 173-4, 178

L
larva 12-3, 14, 43-5, 48-9, 50-1, 53, 118, 121-2, 142, 147, 149-50, 178

M
macrófagos 98, 101, 105
malignidade 150, 152, 154

mamíferos 16, 31-3, 35, 71, 76-88, 91, 95-100, 103-5, 121-2, 124, 129, 134, 141-4, 150-1, 157-8, 162-3, 168-77
Mangold, Hilde 13
mapa de destino 19, 52, 57, 110, 119
medula espinal 18-9, 36, 38, 72, 129, 131, 134-6, 138-9, 158, 162
meiose 77-81, 87-8
membros 14-5, 19, 38-9, 97, 101, 104, 109-20, 135-6, 145-6, 157-63, 170, 175-7
meristemas 54-60, 88, 124-7, 142
mesoderma 17-9, 32, 35-7, 40-1, 45-6, 65-73, 110, 122-4, 131, 180-1
metamorfose 45, 51-2, 118, 149, 178
metástase 150, 152-3
micro-RNAs 22-3, 53
mitocôndria 21, 81, 179
mitose 151
moluscos 66
morcegos 177
morfalaxia 158
morfogênese 24, 61-74, 121-2, 130, 163-4, 168
morfógeno 45, 50, 58, 110, 113-5
morte
   apoptose (morte da célula) 50-2, 101, 144, 148, 151-2
   envelhecimento 153
   neurônios 138-9

mosca-da-fruta 15-6, 43-9, 119, 155
moscas 15-6, 40-1, 43-9, 52, 77, 85, 88, 94, 118-9, 121-2, 125-6, 147-9, 155
mRNA 21-2, 29, 42, 52-3
músculos 18-20
   células germinativas e sexo 79-80
   crescimento 143-4
   diferenciação celular e células--tronco 91-2, 98-100, 105
   invertebrados 51-2
   órgãos 110-4, 117-8, 122-4
   regeneração 158-9, 163
   sistema nervoso 131-2, 134-9
   vertebrados 36, 40
mutação *BRCA1* 84
mutações 15, 23-4, 27, 41-4, 49, 53, 83-6, 98, 121, 126, 150-2, 167, 175, 180
   câncer 150-2
   células 83-6, 98
   evolução 167, 175, 180
   órgãos 121, 126

N

nematoide (verme) 15, 17, 26, 49-53, 77, 88, 94, 101, 155
neurônio 19, 51, 101, 105, 129-44, 162-3
neurulação 18-9, 72-4
nódulo de Hensen 36-7, 130-1

notocorda 18-20, 36-40, 71, 135
núcleo 17, 21, 41-6, 81-2, 88-9, 93-4, 97, 99-100, 102-4, 111, 133, 143, 179
nucleotídeo 21-2, 98
nutrição 31-2, 76, 141-2, 148-9

O

obesidade 81, 148-9
olhos 14, 19-20, 38-9, 109, 118-21, 137-8, 142, 159, 178-9
oócito 79
organismos marinhos 82, 173
organismos multicelulares 14, 70, 94, 121-2, 167-8, 172, 179-80
organismos unicelulares 155, 168, 179-80
organizador de Spemann 13, 36, 71, 129-30, 165
órgãos 15, 19, 31, 38-9, 45, 50, 55, 58-60, 77, 88-9, 106-7, 109-27, 132, 141-2, 144-9, 157
ossos 40, 111, 143-4, 146-7, 157, 170-2, 177
ouriço-do-mar 12-4, 66-8, 70, 82
ouvidos 38-9, 170-2
ovários 32-3, 77, 79, 84, 88-9, 156
ovelha 103
óvulos 11-15
   células 23-6, 94-5, 103-4
   células germinativas e sexo 75-86, 88-9

evolução 179-81
invertebrados 43, 49-50, 52, 55-6
morfogênese 69
vertebrados 31-5, 41-2

P

pâncreas 107-8, 144-5
peixes 31-2, 70-1, 77, 124, 168-70, 175-7 *ver também* peixe-zebra
peixe-zebra 15-7, 34-5, 157, 169, 176-7
pele 17, 40, 88, 91-5, 98-100, 103, 115, 156
peptídio 93-4
pequena planta crucífera (*Arabidopsis thaliana*) 15-6, 55-9, 125
pigmeus 143
pintos 15-6, 32-3, 35-8, 40-2
   crescimento 143-6
   diferenciação celular 77
   evolução 174-6
   morfogênese 69-70
   órgãos 110-2, 115-7
   sistema nervoso 131, 132-9
placa neural 37-8, 64-7, 72-4, 129-30
plantas 15-6, 54-60, 62, 74, 76-7, 88-9, 124-5, 141-2, 167
plasmodesmos 54
Prod1 161
proteína Wuschel 58-9
proteínas 12, 15, 21-9, 42, 45-8, 52-5, 58-9, 62-3, 79, 81, 91-9, 102, 112,

{195}

121, 130-1, 135, 144, 151-2, 159, 161, 167-8, 172-81 *ver também* fatores de transcrição
células 21-9, 54-60, 92-7
crescimento 144
evolução 168, 172-5
gene *Hox* 171-3
genes 172-5
hemoglobina 97
manutenção 24, 92
mutações 24, 167
órgãos 112
regeneração 161
síntese 102
sistema nervoso 130-1
supressores de tumor 150-1
puberdade 79, 143, 148

R

rãs 15-9, 32-6, 42, 67, 70-1, 77, 102-3, 130-1, 138, 140
reação-difusão 114-5
receptor sensorial 137
regeneração 15, 95-6, 104-6, 144, 157-66
regulação 13-4, 20, 24, 36, 42, 50, 83, 94, 97, 167
reprodução 75-89, 107, 151-2, 154, 163-4
reprodução assexuada 76, 163-4
RNA 21-3, 29, 42, 52-3, 101

S

salamandra 13, 144-5, 157-61
sexo 75-89, 163-4
simetria 31, 35, 38-9, 44, 66, 121, 173
simetria esquerda-direita 39
sinapses 132, 134, 139
síndrome de Angelman 81
síndrome de Beckwith-Wiedemann 81
síndrome de Down 78-9
síndrome de Prader-Willi 81
sistema imune 96, 98, 104-8
sistema nervoso 17-8, 37-8, 101, 129-40, 162-3
sistema vascular 122-4
somito 18-20, 36-8, 40-1, 99, 111, 117, 168-70
Sonic hedgehog 112, 135, 176-7

T

talidomida 116-7
telomerase 156
testículo 77, 80, 85-6, 156
testosterona 85-6
totipotência 55
transplante de núcleo 103-4
triagem de embriões 83-4
Trichoplax 173
trissomia do *cromossomo 21* 78-9
trofectoderma 33-4
tubos 121-4

tumor 84, 108, 124, 150-3
Turing, Alan 115

V

vermes 15-7, 26-7, 49-53, 77, 94, 155, 157 *ver também* nematoide
vertebrados 16-20, 24, 31-42, 43, 49-50, 52, 63, 66, 70, 72, 74, 76, 79, 95, 97, 99, 101, 110, 114, 120-2, 124, 129-31, 134-8, 141, 144, 146, 157, 162-5, 168-76, 178
células 32-41

crescimento 144-5
desenvolvimento do embrião 15-7, 18-20, 24, 31-42
evolução 168-76
gastrulação 70-1
neurulação 72-3
órgãos 120-2
óvulos 31-5
sistema nervoso 129, 134-8

W

Weismann, August 12

SOBRE O LIVRO

Formato: 14 x 21 cm
Mancha: 24,6 x 38,4 paicas
Tipologia: Adobe Jenson Regular 13/17
Papel: Off-white 80 g/m² (miolo)
Cartão supremo 250 g/m² (capa)
1ª edição Editora Unesp: 2020

EQUIPE DE REALIZAÇÃO

Edição de texto
Andréa Bruno (Copidesque)
Tulio Kawata (Revisão)

Capa
Marcelo Girard

Editoração eletrônica
Sergio Gzeschnik

Assistência editorial
Alberto Bononi